基层水利水电实践案例

朱根权　编著

中国原子能出版社

图书在版编目（CIP）数据

基层水利水电实践案例 / 朱根权编著. —北京：
中国原子能出版社，2020.12 （2021.9重印）
ISBN 978-7-5221-1139-1

Ⅰ. ①基… Ⅱ. ①朱… Ⅲ. ①水利水电工程–案例–
中国 Ⅳ. ①TV

中国版本图书馆 CIP 数据核字（2020）第 244566 号

基层水利水电实践案例

出版发行	中国原子能出版社（北京市海淀区阜成路 43 号　100048）	
责任编辑	王　青　田镇瑜	
装帧设计	崔　彤	
责任校对	冯莲凤	
责任印制	潘玉玲	
印　　刷	三河市南阳印刷有限公司	
经　　销	全国新华书店	
开　　本	787 mm×1092 mm　1/16	
印　　张	14.5	
字　　数	260 千字	
版　　次	2020 年 12 月第 1 版　2021 年 9 月第 2 次印刷	
书　　号	ISBN 978-7-5221-1139-1　　定　价　58.00 元	

发行电话：010-68452845　　　　　　版权所有　侵权必究

前　言

　　中共中央、国务院《关于加快水利改革发展的决定》(中发〔2011〕1号)明确提出:"水是生命之源、生产之要、生态之基。兴水利、除水害,事关人类生存、经济发展、社会进步,历来是治国安邦的大事。""水利工程补短板,水利行业强监管"是当前水利改革发展的总基调。

　　本人从事水利水电专业工作已经四十年,一直扎根在基层。实践中,有成绩,有教训;有喜悦,有泪水;从幼稚,到成熟。先后独立、主持或参与完成水利水电工程项目千余项,特从中选取了部分具有代表性的基层水利水电实践案例,包括规划设计、建设管理、行业监管及防汛抢险等,与大家分享,希望能让读者有所借鉴。由于本人水平有限,不当之处谨请指正。

作者

目　录

第一章

规划设计

《中华人民共和国水法》明确规定："开发、利用、节约、保护水资源和防治水害，应当按照流域、区域统一制定规划。规划分为流域规划和区域规划。流域规划包括流域综合规划和流域专业规划；区域规划包括区域综合规划和区域专业规划。"

　　综合规划是指根据经济社会发展需要和水资源开发利用现状编制的开发、利用、节约、保护水资源和防治水害的总体部署。专业规划是指防洪、治涝、灌溉、航运、供水、水力发电、竹木流放、渔业、水资源保护、水土保持、防沙治沙、节约用水等规划。

案例1 城市防洪规划方案

1. 背景

常山县位于浙江省西部边陲，居信江与钱塘江分水岭，东临衢州市，南靠江山市，西接江西省玉山县，西北与开化县毗邻，东北与杭州淳安县相连，东西宽 46 km，南北长 55.5 km，全县面积 1 099 km²。县城天马镇建镇历史已有 1230 年，是全县政治、经济、文化、交通中心，1998 年常住人口约 5.5 万人，城区总面积 5.7 km²。然而，这座古老的城镇却是全省"闻名"的不设防城镇之一，现有防洪能力低于 5 年一遇。1997 年"7·8"洪水不到 10 年一遇洪水标准，却使县城 2/3 城区被淹，80%以上的房屋均在洪水淹没范围内，县城主要的几个居民区进水 0.5～1.0 m，最深处达 3.5 m，县城交通全部瘫痪，两个自来水厂被淹，造成全城停水达 14 h，部分地区停电 9 h，许多工商业企业停产、停业。震惊全国的"常山 7·12 塌楼事件"（1997 年）就发生在县城城南小区内，根据专家鉴定，造成塌楼事件的主要原因是工程质量问题，但也与基础长时间受洪水浸泡有关。严峻的城市防洪问题不解决，始终是一大隐患，人心不安，社会不稳，将严重制约经济和社会发展。

《常山县天马镇城市防洪规划》由常山县水利水电勘测设计所编制，经原衢州市水利水电局初审，浙江省水利水电技术咨询中心咨询，浙江省水利厅复审，于 1998 年 11 月由常山县人民政府批准（批准文号：常政发〔1998〕57 号）。常山县是浙江省最早完成城防规划并付诸实施的县。

2. 洪水分析

县城天马镇城区处于南北河流包围之中，北有常山港自西北向东南流经北郊、东郊；南有南门溪自西向东流经南郊注入常山港；城中有内河贯穿南北。天马镇的洪水威胁主要来自常山港，其次来自南门溪。

常山港属钱塘江流域衢江水系，县境内全长 46.6 km，县城以上集水面积 2 330 km²，河道多滩多潭，砂石混杂，属山溪性河流，洪水暴涨暴落。根据上游长风水文站（控制集水面积 2 082 km²）1956—1997 年共 42 年连续实测年最

3

大流量资料（其中水文站 1995—1997 年移至县城风扇口），经排频计算得出各设计频率的洪峰流量。再由流域面积比拟法推算至县城断面，集水面积相差 12.2%。

$$Q_设 = \left(\frac{F_设}{F_参}\right)^n Q_参$$

式中：$Q_设$——设计站洪峰流量，m^3/s；

$\quad\quad Q_参$——参证站（长风站）洪峰流量，m^3/s；

$\quad\quad F_设$——设计断面以上集水面积，2 330 km^2；

$\quad\quad F_参$——参证站集水面积，2 082 km^2；

$\quad\quad n$——指数，取 0.67。

经计算，县城 20 年一遇（$P=5\%$）设计洪峰流量为 6 030 m^3/s，50 年一遇（$P=2\%$）设计洪峰流量为 7 140 m^3/s。

南门溪是常山港的主要支流之一，全长 23.1 km，集水面积 180 km^2，在城区下游处汇入常山港。参照《南门溪流域综合规划报告》，计算出 20 年一遇洪峰流量为 1 100 m^3/s，50 年一遇设计洪峰流量为 1 400 m^3/s。

3. 防洪标准

根据《中华人民共和国防洪标准》GB 50201—2014 的规定，并结合本县财力状况，确定常山县县城防洪标准近期为 20 年一遇洪水标准，远期结合流域综合治理，提高到 50 年一遇洪水标准。

4. 工程措施

4.1 清障疏浚，增加行洪断面

常山港现有河宽 120～180 m，南门溪河宽 28 m，行洪不畅，洪水位高。通过清障疏浚，常山港河道宽度增加到 210～270 m，南门溪河宽增加到 50 m。有利于洪水排泄，降低洪水位。

常山港目前净宽为 180 m 拱形结构的常山大桥阻水较严重，需增设 30 m 桥孔。南门溪蒲塘桥阻水较严重，需拓宽；定阳桥两个边孔要挖低疏通；适时改建天马桥和山背岭桥。

4.2 兴建防洪堤，提高城市防洪标准

沿常山港和南门溪两岸兴建防洪堤，保护两岸城区。常山港上自风扇口，下至南门溪汇入口下游，河道长 5.04 km，兴建防洪堤 10.08 km。南门溪上自金川堰坝下游，下至南门溪与常山港交汇处，河道长 3.8 km，兴建防洪堤 5.6 km（部分地段可利用 320 国道作为天然防洪堤）。城防工程防洪堤全长 15.68 km，总投资 1.08 亿元。

防洪堤建成后，将形成城北、城中和城南三大块防洪保护封闭区，使县城的防洪标准近期提高到 20 年一遇标准。

4.3 上滞下泄，长远考虑

考虑超标准洪水的防洪问题，在常山港常山大桥上游左岸设置滞洪区，即左岸防洪堤比右岸防洪堤降低 1.0 m。在常山大桥下游将堤线适当后退，加宽河道，以利洪水排泄。支流南门溪穿过城区，两侧均为居民住房区，宜按 50 年一遇洪水安全下泄的要求确定堤距、堤高。

城防工程完成后，形成了防洪闭合圈，因此必须解决城市内涝问题。城建部门要结合城防工程的实施，做好排涝工程同步实施。

5. 组织实施，综合规划

（1）由县委、县政府成立城市防洪工程建设领导小组，下设工程施工管理、筹资宣传、政策处理、监督管理和安全保卫等五个工作组，进行具体工作。

（2）通过县财政预算资金、专项资金，单位和个人赞助及上级有关部门支持等方式，筹集工程建设资金。

（3）政策处理采取乡镇和部门分组负责制的原则，单位已征用的土地、公用性土地及河滩地实行无偿划拨；属个人所有权的，由县政府专门制定有关标准进行处理。

（4）在满足防洪要求的前提下，可结合城市环境美化建设，沿防洪堤两侧设立宽 20～30 m 的江滨大道规划区，形成一道靓丽的风景线，改善城市景观，为城市居民提供幽雅的休闲场所。

案例 2 水利发展"十二五"规划解读

2011 年，中央一号文件明确提出："水利是现代农业建设不可或缺的首要条件，是经济社会发展不可替代的基础支撑，是生态环境改善不可分割的保障系统，具有很强的公益性、基础性、战略性。加快水利改革发展，不仅事关农业农村发展，而且事关经济社会发展全局；不仅关系到防洪安全、供水安全、粮食安全，而且关系到经济安全、生态安全、国家安全。"（中发〔2011〕1 号）水利的重要性可见一斑。

《常山县水利发展"十二五"规划》（2011—2015 年）由常山县人民政府以"常政发〔2011〕16 号"文件批准，是常山县国民经济和社会发展第十二个五年规划体系中的重要专项规划，是常山县"十二五"期间水利发展和改革的指导性文件。

1. "十二五"期间主要任务

1.1 概况

常山水系分属钱塘江水系与鄱阳湖水系。属钱塘江水系的河流有常山港及其支流；属鄱阳湖水系的河流有球川溪。常山县多年平均降雨量 1 845.4 mm，水电理论蕴藏量 7.23 万 kW，可开发利用资源 6.51 万 kW，目前已开发装机 3.94 万 kW（含芳村电站）。全县水资源总量为 12.92 亿 m^3，人均占有水资源量 3 488 m^3。全县总用水量中：农、林、渔用水占 67%，城镇居民生活用水占 2.02%，工业企业用水占 24.2%，农村居民及牲畜年用水量占总用水量 7.5%。

常山县现建成有 3 座中型水库，分别为芙蓉水库、千家排水库及狮子口水库；10 座小（1）型水库；74 座小（2）型水库；218 座 1 万～10 万 m^3 山塘。全县水库山塘总蓄水库容为 18 160 万 m^3。全县有小型引水堰坝（闸）837 处，总引水流量 412 m^3/s；小型灌溉泵站 360 处，总装机功率 5 675 kW；生产井 1 100 眼；小型灌区渠道总计 1 493 km（其中已衬砌 236 km）；排水沟 208 km；渠系建筑物 589 处。

1.2 主要指标

主要指标见表 1-1。

表 1-1 常山县水利发展"十二五"主要指标

指标	数量	备注
解决和改善农村饮水安全人口/万人	10.9	约束性
新增供水能力/万 m³	180	预期性
病险水库除险加固/座	25	预期性
山塘综合整治/座	86	预期性
干堤加固/km	20.426	预期性
小流域堤防加固/km	38.6	预期性
新增和改善节水灌溉面积/万亩	6	预期性
农业灌溉水利用系数	0.60	预期性
新增水土流失治理面积/km²	47.09	预期性
农村河道整治/km	183.7	预期性
新增水电装机/万 kW	1.144	预期性

1.3 主要重点实施项目

（1）病险水库除险加固工程：完成 25 座小（2）型病险水库除险加固，估算投资 9 364 万元。

（2）山塘综合整治工程：完成 86 座山塘综合整治任务，估算投资 4 500 万元。

（3）钱塘江干堤加固工程：实施常山县段干堤加固一期工程等项目，总长约 20 km，估算投资 3.1 亿元（独流初设批复概算投资 4.4 亿元）。

（4）小流域堤防加固工程：加固堤防 38.6 km，估算投资 1.34 亿元。

（5）中小河流（芳村溪）治理工程：新建堤防 5 km，估算投资约 3 000 万元。

（6）加强农村水利建设：包括农村饮水安全工程（解决和改善 10.9 万农村人口饮水安全问题）、千红灌区节水改造项目、高效节水项目及低丘红壤开发等，估算投资 2.1 亿元。

（7）农村河道整治工程：总长度 183.7 km，估算投资 2.2 亿元。

（8）水电资源开发利用：新建阁底等 5 座水电站，新增装机容量 1.144 万 kW，估算投资 6.9 亿元。

（9）水土保持项目：完成 10 条小流域水土保持重点工程，治理水土流失 47.09 km²，估算投资 3 038 万元。

1.4 投资规模

经估算，全县"十二五"期间水利建设总投资约 24.62 亿元，其中强塘工程 5.80 亿元，中小河流和排涝工程 0.42 亿元，水资源保障工程 1.71 亿元，农村水利 2.10 亿元，水电资源开发利用 6.95 亿元，农村河道整治 2.21 亿元，水土保持 0.30 亿元，其他 5.13 亿元。

按投资结构分：防洪工程投资 6.22 亿元，占 25.26%；农村水利工程投资 13.47 亿元，占 54.71%；水资源保护与水土保持工程投资 3.81 亿元，占 15.48%；水利信息化和基础能力建设等投资 1.12 亿元，占 4.55%。

资金筹措方案：

根据浙江省财政厅、浙江省水利厅联合下发的有关专项资金管理办法：强塘工程省级资金补助比例按 45%；中小河流中央资金补助 30%，省级补助 27%；山塘综合整治项目按中央 40%，省级 36% 补助；水电梯级开发项目考虑部分银行贷款。"十二五"期间，争取中央资金 1.86 亿元，争取省级资金 7.96 亿元，银行贷款 2.09 亿元，自筹资金 12.71 亿元（见表 1-2）。

表 1-2　资金筹措表　　　　　　　　单位：万元

序号	项目名称	估算投资	争取中央资金	争取省级资金	银行贷款	自筹资金
1	病险水库除险加固工程	9 364		4 214		5 150
2	山塘综合整治工程	4 500	1 800	1 620		1 080
3	钱塘江干堤加固工程	30 737	9 221	8 299		13 217
4	小流域堤防加固工程	13 372		6 017		7 355
5	中小河流治理和排涝工程	4 150	1 245	1 121		1 785
6	水资源保障工程	17 061		5 118		11 943
7	农村水利	21 006	6 302	5 672		9 033
8	水电资源开发利用	69 493		20 848	20 848	27 797
9	农村河道整治	22 135		9 961		12 174
10	水土保持	3 038		1 367		1 671
11	其他	51 296		15 389		35 907
	合　计	246 152	18 568	79 625	20 848	127 111

2. 水利项目建设程序

2.1　一般建设程序

（1）规划阶段：规划是龙头。规划可分为流域综合规划、区域综合规划及专业规划等。没有规划，项目免谈。

（2）项目建议书阶段：在规划的基础上，对建设项目轮廓的设想，是对拟建项目的初步说明，主要考虑拟建项目的必要性及主要方面的可能性。组建项目法人筹备机构。

（3）可行性研究报告阶段：对项目进行方案比较，在技术上是否可行和经济上是否合理进行科学的分析和论证。本阶段要同时完成水土保持方案、环境影响评价、水资源论证、规划选址、土地预审、移民安置规划、地质灾害评估等工作。可研报告是编制设计文件的重点依据。

（4）初步设计阶段：根据批准的可行性研究报告和必要而准确的设计资料，对设计对象进行通盘研究，阐明拟建工程在技术上的可行性和经济上的合理性，规定项目的各项基本技术参数，编制项目的总概算等。

（5）施工准备阶段：主要有招标设计、设备订货、施工图设计、实施招标等工作。

（6）建设实施阶段：实行项目法人责任制、建设监理制、招标投标制和合同管理制。强调工程质量安全监督，实行"项目法人负责、施工单位保证、监理单位控制"和政府监督相结合的质量安全保证体系。

（7）生产准备阶段：包括生活组织准备、招收和培训人员、生产技术准备、生产物资准备、生活福利设施准备等。

（8）竣工验收阶段：是工程完成建设目标的标志，是全面考核基本建设成果、检验设计和工程质量的重要步骤。需完成档案资料、竣工报告、竣工决算等。需经审计。

（9）项目后评价：包括影响评价、经济效益评价、过程评价等。

至此，项目才告结束。

2.2　小型项目简化程序

2.2.1　小型病险水库除险加固工程

（1）大坝安全技术认定：完成大坝安全综合评价报告。

（2）初步设计报告：一般小（1）型水库由市水利局审批，小（2）型水库由县水利局审批；重点小型水库（有中央资金补助）由市水利局审查意见，省水利厅审批。

（3）施工图设计、施工图审查、施工招标、工程实施。

（4）完工检查、竣工验收等。

2.2.2 中小河流治理工程

（1）专项规划。

（2）初步设计报告，审批前需完成规划选址、水土保持方案、环境影响评价。由省水利厅审批。

（3）施工图设计、施工图审查、施工招标、工程实施。

（4）完工检查、竣工验收等。

2.2.3 小农水重点县项目

常山县第四批中央财政小农水重点县项目（2012—2014年），主要有山塘综合整治、灌区改造和高效节水项目。

（1）工作方案。

（2）建设方案：由省水利厅、财政厅组织审查。

（3）实施方案：由县水利局审批。

（4）施工图设计、施工招标、工程实施。

（5）完工检查、年度验收、竣工验收等。

2.2.4 小流域堤防加固工程

（1）规划。

（2）初步设计报告：10年一遇标准及以下堤防由县水利局审批；20年一遇标准堤防由市水利局审批；50年一遇标准堤防由省水利厅审批。

（3）施工图设计、施工招标、工程实施。

（4）完工检查、竣工验收等。

3. 项目申报及资金政策

3.1 项目申报

"常水〔2012〕129号"文件《关于建立常山县水利工程项目申报管理制度的通知》规定：为统一全县水利工程项目申报，增加水利有效投入，提高项目建设管理水平，制定水利工程项目申报管理制度。

3.1.1　项目申报原则

（1）应急加固优先。

（2）先重点后一般。

（3）量力而行原则。

3.1.2　申报程序

（1）由项目管理单位（村两委或专业合作社）提出申请，集体组织需附村民代表大会决议（一事一议），同时提供政策处理和配套资金承诺书。

（2）由所在乡镇（街道）或主管部门出具意见，并加盖公章。

（3）书面材料一式两份上报县水利局，指定接收科室为规划建设科。同时上报县财政局。

（4）县水利局会同县财政局对接上级下达资金及县级配套资金情况，从所上报项目中选取安排。

3.1.3　说明

（1）如有县级及县级以上领导签署意见的书面材料，同时上报。

（2）每年 3 月前必须上报当年项目申请，没有安排的项目第二年可以再报。

（3）应急项目（水毁工程等）可随时申请上报，但程序仍不变。

（4）对口头申请及申请内容含糊不清的项目不予受理。

（5）对于单个项目投资在 30 万元以上的，项目法人需组织编制实施方案报县水利局审查审批。

3.2　资金政策

参照"浙财农〔2010〕48 号"文《关于印发〈浙江省"强塘"工程专项资金管理办法〉的通知》等有关文件精神。

3.2.1　小型病险水库除险加固工程

省级补助45%。列入中央补助的，中央加省级为80%（也有150万元一座包干）；其余由县级解决。政策处理费用不列入补助范围。

3.2.2　中小河流治理工程

中央20%，省级45%；其余由县级解决。政策处理费用可以列入补助范围。

3.2.3 小农水重点县项目

每年中央资金 680 万元，省级资金 980 万元，其余由县级解决。政策处理费用不列入补助范围。

3.2.4 小流域堤防加固工程

省级补助 45%，其余由县级解决。政策处理费用不列入补助范围。

案例3　科学规划，推动水利可持续发展

　　科学发展观是指导发展的世界观和方法论的集中体现，是推进水利发展必须长期坚持的根本指导方针。我们要切实把科学发展观的基本理念与水利工作的具体实践有机结合起来，推动水利发展真正转入现代水利、可持续发展水利的轨道。各项水利规划尤其是流域综合规划中，要按照科学发展观的要求和人与自然和谐相处的理念，紧密结合实际来思考问题、总结规律、把握趋势、探索实践，把可持续发展水利的基本要求变成具体可行的目标任务和政策措施，创造性地开展工作，强化规划的地位和指导约束作用。

　　水利与民生息息相关，解决好与民生直接相关的水利问题是水利工作的重中之重，大力发展民生水利是深入贯彻落实科学发展观的必然要求，是践行可持续发展治水思路的应有之义。为促进社会和谐发展、可持续发展，充分认识为人民群众办实事的重要性和更好地推动社会主义新农村建设，把科学规划水利建设放在更加突出的位置。在学习实践科学发展观活动中，充分发挥职能特色，从关心民生出发，着力解决群众最关心、最直接、最现实的问题，把解决民生水利问题作为实践载体，坚持治标与治本相结合，长远规划与近期工作相结合，水利可持续发展的难点与人民群众反映强烈的热点、难点问题相结合，着重解决事关人民群众生命安全、生活质量、生产条件、生态需求等水利问题，努力建设民心水利工程，确保水利发展成果惠及全县人民。

　　水利部部长陈雷在全国规划计划工作会议上指出：规划计划工作是水利各项业务工作的基础和龙头。在新的形势下，贯彻中央扩大内需的政策，推进民生水利发展，实现水资源可持续利用，促进区域、城乡协调发展等，都对规划计划工作提出了新的要求。通过调研，针对常山县实际，需重点抓好以下工作。

1. 科学规划，保障群众饮水安全

　　饮水问题事关百姓身心健康和社会稳定，事关社会经济发展，意义重大。抓好农村饮水安全规划，为助推新农村建设提供强大动力。2009年编制的《常山县2010—2013年农村饮水安全工程规划》，紧密结合常山县实际情况，抓住农村饮水的水质、水量、方便程度、保证率这4个主要问题，坚持以发展为主

题，以工程建设为龙头，为老百姓办实事，积极培育供水市场，适应全面建设小康社会的总体要求，以改善农村饮用水条件、实现饮水安全为目标，以提高农村饮用水质量为重点，统筹规划，分步实施，到 2013 年基本解决全县农村饮水安全问题，为创建和谐社会提供有力保障。

2. 科学落实规划，大力推进"强塘"工程

按照上级部门有关要求和部署，紧扣新农村建设主题，把"强塘"工程作为一项重要工作来抓，致力提高全县水利安全形势、改善农村水环境。"强塘"工程工作做得怎么样，直接关系到群众人居环境、生活质量和生命财产安全。从落实科学发展观的战略高度，充分认识到"强塘"工程的重大意义，真正把"强塘"工程各项工作落到实处，根据制定的实施方案，科学有序地开展这项工作。今年全县"强塘"工程主要包括：千库保安工程 10 座，分别为同弓乡古塘水库、大桥头乡石青坞水库、辉埠镇塘底大坞水库、招贤镇白石塘水库、白石镇紫坞口水库、东案乡祠堂坑水库、球川镇西源水库、天马镇十三亩水库、何家乡九源水库及青石镇大莲塘水库；小流域堤防加固为新昌防洪堤工程，新建防洪堤 4.418 km。

3. 科学制定方案，推进农田水利建设

抓好农田水利基本建设，推进规划实施，强化项目管理，做好中型灌区续建配套与节水改造，加快小型灌区的建设步伐，加大渠系改造力度，提高灌溉效益，提高农业综合生产能力。科学制定好农田水利建设方案，完善"一事一议"等政策措施，扩大"民办公助"项目投资规模，扎实推进农田水利基本建设。

目前正在组织编制千红灌区续建配套与节水改造工程规划，以续建部分干渠、衬砌干渠、续建支渠排渠、改建渠系建筑物为中心，以提高项目灌溉保证率为目的，通过对灌区渠道续建、衬砌、改建、扩建配套，大幅度提高水的利用系数，节约灌溉水量，全面改善灌区农业生产条件，增强水利基础设施，为农业综合开发提供水资源保证，推进灌区农业现代化进程。

4. 围绕"十大工程"，科学规划

今后几年，水利工作要突出抓好病险水库除险加固、农村饮水安全、中型灌区续建配套与节水改造、江河综合治理、灌排泵站更新改造、骨干水利枢纽和重点水源、农田水利基本建设、水土保持、农村水电及电气化、行业能力建

设等"十大工程"建设。这"十大工程"的实施，将极大地增强防洪安全、供水安全、粮食安全、生态安全保障能力。规划计划工作要紧紧围绕"十大工程"建设，抓紧编制规划，做好前期工作，加快立项审批，落实水利投资，力争取得突破，为经济社会可持续发展提供坚实的水利保障。

5. 进一步做好水利前期工作

前期工作是加快水利基础设施建设的基础，是水利工程建设质量的重要保证。我们要进一步提高对水利前期工作重要性的认识，加大力度，提高质量，为打好水利建设攻坚战奠定扎实基础。一要加大前期工作投入，政府应拿出一定资金专项用于前期工作，确保大规模水利建设的前期工作资金需求。二要加强前期工作技术力量，严格设计资质管理，确保前期工作的深度和质量。三要加强审查复核把关，充实技术力量，为水利建设提供坚实的技术保障。四要健全前期工作程序，完善有关管理制度，细化技术要求，在保证项目立项审批进度的同时，促进前期工作规范化、制度化。

应着手做好"一港四溪"的流域综合规划，即常山港、芳村溪、虹桥溪、南门溪、龙绕溪的综合规划，立足长远，长短结合，投入一定的前期资金，为促进社会经济发展打下坚实的基础。

6. 明确方向，找准抓手

坚持科学规划，以完善水利规划体系和强化规划全过程管理为抓手，谋划水利长远发展，突出人与自然和谐相处的理念，注重水利统筹协调发展，强化水利规划的法律地位和刚性约束力。

坚持科学论证，以加快前期工作为抓手，统筹建设布局，优化工程方案，处理好开发与保护的关系。

坚持科学计划，以加快新一轮水利基础设施建设和建立稳定的水利投资机制为抓手，加强投资计划精细化管理，进一步加快水利基础设施建设，着力解决涉及民生的水利问题，在提高水利保障能力上有新跨越。

坚持科学统计，以水利统计分析和水利普查为抓手，提高水利规划计划的管理能力。

下一步，还将通过各种形式，不断把学习实践科学发展观活动引向深入，不断加强科学规划在全县水利工作当中的作用。

（2009 年 4 月）

龙潭水库工程前期

1995 年下半年，源水取自于常山港的第一、第二水厂，因上游工业污染，居民饮用水水质不能达标。县委、县政府痛定思痛，决定解决饮用水水源问题。拟在常山港主要支流之一的南门溪内建一座中型水库——龙潭水库，作为县城生活用水的水源地。项目从 1996 年 4 月开始筹建，开展地形测量、地质勘察等前期工作，由县水利水电勘测设计所编制完成项目建议书。1997 年 4 月，原浙江省计划与经济委员会以"浙计经投〔1997〕337 号"文，批复了龙潭水库项目建议书。根据项目建议书批复，及时开展可行性研究工作。

由于库区淹没涉及江山市的土地征用和移民安置等问题，因此，常山县人民政府与江山市人民政府于 1996 年 11 月 13 日签订了《关于建设龙潭水库的意向书》。

《钱塘江流域综合规划报告》灌溉供水规划中推荐龙潭水库作为常山县城市供水备用水源。龙潭水库是一座以城镇供水为主，结合灌溉、发电、防洪等综合效益的中型水库，总库容 1 569 万 m^3，调洪库容 114 万 m^3，供水规模为 6 万 m^3/d，灌溉农田 1.55 万亩（共 27 个行政村），五百年一遇洪水时可削减洪峰 22%，电站装机 3×400 kW。本工程需移民 800 人，淹没耕地 491 亩，林地 696 亩，拆迁房屋 35 382 m^2，涉及 8 个行政村。工程估算总投资约 0.986 亿元（1996 年 8 月价格水平）。

1. 工程测量

1.1　水准测量

采用四等水准测量，从县城白马路城建部门提供的高等级水准点 85.898 m（1985 年国家高程基准）开始起测，到拟建坝址库区地形测量基线桩，总视距 9 200.5 m。测得基线桩 1 号点高程为 107.073 m。途中最高点（岭顶）高程为 117.308 m。

四等水准测量外业从 1996 年 5 月 3 日开始，到 5 月 15 日结束。

当满足 $f_h = ±20\sqrt{L} ≤ [f_h]$ 时，进行修正；不能满足时，需重新测量。

坝址区图根点共 10 个，含基线两个点。也采用四等水准测量。最高点高程 132.405 m，最低点高程 107.073 m。

库区主要分金丰湾溪和龙潭溪两条河流。其中金丰湾溪控制点高程设置 19 个（BM13～BM31），采用四等水准测量。总视距 9 865.6 m，最高点高程 164.661 m，最低点高程 112.198 m。并布置导线控制点（图根点）66 个，采用四等水准测量和三角高程测量。最高点高程 164.175 m，最低点高程 108.609 m。

龙潭溪控制点高程设置 4 个（BM32～BM35），采用四等水准测量。总视距 2 350.0 m，最高点高程 147.994 m，最低点高程 110.100 m。并布置导线控制点 16 个（龙 1 号～龙 16 号），采用三角高程测量，并经部分四等水准点校核。最高点高程 167.262 m，最低点高程 127.809 m。

1.2 导线控制点坐标计算

从基线（1 号～3 号）开始，假设 1 号控制点坐标（0.000，0.000），方位角采用磁方位角。由测量各导线控制点水平角、平距，通过计算单三角锁，可依次计算出各控制点的方位角、坐标增量，从而确定坐标。

方位角推算公式：

$$\alpha_{前} = \alpha_{后} + 180° + \Sigma\beta_{左} \pm 360°$$

坐标增量计算公式：

$$\Delta x = D\cos\alpha$$
$$\Delta y = D\sin\alpha$$

当满足 $K = \dfrac{f_D}{\Sigma D} = \dfrac{\sqrt{f_x^2 + f_y^2}}{\Sigma D} \leqslant [K]$ 时，进行修正；不能满足时，需重新测量。

1.3 地形测量

由图根控制点分小组进行地形测量，采用经纬仪加小平板。

2. 水文计算

可行性研究阶段需要确定主要水文参数和成果。

2.1 流域概况

龙潭水库水系属钱塘江流域常山港支流南门溪的龙潭溪。常山港流域面积 3 384.9 km²，是钱塘江主源，县境内流程 46.6 km；南门溪集水面积 180 km²，是常山港县境内四大支流之一，主流长 23.1 km，自然落差 168 m，平均比降 2.51‰；年平均流量 5.98 m³/s。龙潭水库位于龙潭溪上，拟建坝址以上集水面积 44.38 km²，主流长度 11.2 km，河道比降 17‰。

2.2 面雨量计算

流域面积小于 100 km²，不考虑点面关系，直接以点雨量代替面雨量。设计流域内无雨量资料，选择附近比较均匀布置的常山站、坛石站、杨家站、荷塘站（距设计流域在 7.5～12.5 km），有实测 1958—1995 年 38 年长短不一的雨量资料，分段采用算术平均法计算，作为设计流域面雨量。经计算，设计流域多年平均降雨量为 1 719.6 mm。

2.3 径流计算

设计流域无实测径流资料，收集了设计流域附近（距离 39 km，同为常山港水系）的密赛站实测连续径流资料，1958—1990 年共 33 年，作为参证站。采用径流系数法分析计算设计径流深。参证站选择主要考虑集雨面积相对接近，地理特性、下垫面情况相似。

2.3.1 年降雨量代表性分析

选取衢县站（同属衢江水系）1948—1995 年连续 48 年降雨量资料系列。计算参证变量长系列 48 年的统计参数 X_N、$C_{V,N}$；再计算参证变量短系列 1958—1990 年 33 年的统计参数 X_N、$C_{V,N}$。

$$X_N = \frac{\sum X_i}{n}$$

$$C_{V,N} = \sqrt{\frac{\sum (K_i - 1)^2}{n-1}}$$

计算结果见表 1−3。

表 1−3　年降雨量代表性分析

统计参数	多年平均降雨量/mm	变差系数 C_V
长系列（1948—1995）	1 710.8	0.201
短系列（1958—1990）	1 623.5	0.203
差值绝对值	87.3	0.002
差率	5.1%	1.0%

由表 1-3 知，长、短系列的统计参数值大致接近，因此认为参证变量 33 年的年降雨量系列在长系列 48 年中具有较好的代表性，从而推断与参证变量有成因联系的设计站 33 年的年径流系列也具有较好代表性。所以，采用1958—1990 年资料系列作为径流计算依据。

2.3.2　设计径流计算

设计流域径流深按下式计算：

$$Y_{设} = \frac{H_{设}}{H_{参}} Y_{参}$$

式中：$H_{设}$、$Y_{设}$——分别为设计流域降雨量、径流深，mm；

　　　$H_{参}$、$Y_{参}$——分别为参证站降雨量、径流深，mm。

经计算，设计流域多年平均径流深为 1 080.1 mm，与《浙江省水资源图集》查得的多年平均径流深 1 050.0 mm 较接近，因此选用密赛站作为参证站。

计算结果：龙潭水库多年平均降雨量 1 719.6 mm，多年平均径流深 1 080.1 mm，径流系数 0.628，多年平均流量 1.52 m³/s，多年平均年径流总量 4 793 万 m³。

3. 坝型选择

根据坝址地形及当地材料情况，建议选择的坝型有面板堆石坝、重力坝和拱坝三种。

3.1　面板堆石坝

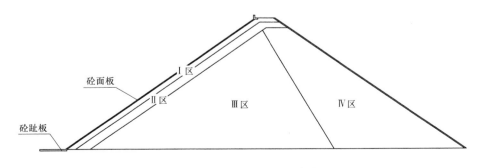

图 1-1　面板堆石坝断面图

3.1.1 结构分区

Ⅰ区——垫层，一般控制在 $k = 10^{-4} \sim 10^{-3}$ cm/s，起直接支承面板并将面板所受水压力向下游堆石体均匀传递的作用，还要有一定的抗渗能力。顶部水平宽度一般采用 3～4 m，向下逐渐加宽，中低坝可考虑采用上下等宽。每层铺筑厚度一般 0.4～0.5 m，用 10 t 以上振动碾碾压 4 遍以上。通常各区宜平起升高。

在垫层上游坡面处，重型振动碾难以到达和碾压，因此，垫层经分层水平碾压后，还要对垫层上游面进行斜坡碾压。垫层石料必须新鲜坚硬，具有抗冲蚀、抗侵蚀能力，且粒径级配连续良好。

Ⅱ区——过渡区，起垫层与堆石区之间过渡作用，重要性稍次；材料的粒径级配和密实度要求介于两者之间。由于垫层很薄，过渡区实际上与垫层共同承担面板传力，因而也要求密实度和变形模量都较好。此外，当面板裂缝或止水失效而漏水时，过渡区应具有防止垫层内细颗粒流失的反滤作用，并保持自身抗渗稳定性。因而过渡区石料也须坚硬，具有抗冲蚀和抗侵蚀性能，且级配良好。粒径要求比垫层放宽，可以粗一些，但最大粒径仍不能超过每层铺填厚度。

过渡区水平宽度可宽可窄，但不会比垫层宽度小。每层碾压厚度和碾压遍数应与垫层一致。

Ⅲ区——堆石区（中央部位），靠近中央及其上游部位的堆石区受水压力作用较大，离面板较近，也较重要，对该区石料特性与技术要求相应也较高。Ⅲ区和Ⅳ区一般占堆石体总体积的 2/3，是保持坝体稳定的主要部分。

Ⅲ区石料也应较坚硬、较完整、具有抗冲蚀和抗侵蚀性，且级配较良好，以便碾压密实。每层石料的铺填厚度可取为垫层、过渡区铺填厚度的两倍，一般为 0.8～1.0 m，最大料径相应铺填厚度可加大到 0.6 m 左右。每层压实可用 10 t 振动碾碾压 4 遍（平行和垂直于坝轴线方向各两遍）即可。在同一高程，该区宽度要占全坝的 1/3 以上。

Ⅳ区——堆石坝（下游部位），靠下游部位的堆石区，只起保持坝的整体稳定和下游坝坡稳定的作用，对该区石料特性和技术要求相对较低，密实度和变形模量要求可比Ⅲ区更放宽，如缺乏坚硬石料，则Ⅳ区亦可采用较为软弱的石料。

Ⅳ区的铺填碾压厚度可达Ⅲ区的两倍，即 1.5～2.0 m。碾压一般也用 10 t

振动碾碾压 4 遍。Ⅳ区的下游坡面一般用大块石护坡，既保护坡面免受损坏，还可承受较大的渗流溢出坡降。

3.1.2　结构设计

（1）面板

中低坝可用 0.25～0.30 m 等厚面板，砼强度等级采用 C20，水灰比小于 0.55，抗渗一般不低于 S6（W6），抗冻不低于 D100（F100）。

面板条块分缝的水平间距取决于堆石体变形和温度应力大小、坝址河谷横剖面形状及施工条件等因素，一般为 12～18 m，在河谷狭窄陡峻的坝址，应采用较小的间距。

面板如在上下方向上分期施工，就要设水平向施工缝。施工缝内不需止水铜片，接缝两边的面板砼接触面直接胶结，上下方向的面板钢筋都穿过接缝，使面板上下方向浇筑完成后结构上成为整体。

面板 90%以上面积内为压缩应变，处于受压状态，只在靠近坝肩、顶部和周边缝的部分区域内，处于较轻微的受拉状态。一般都在上下向和水平向配置双向钢筋，每向的含钢率都为 0.4%～0.5%，两向 0.8%～1.0%，钢筋一般置于面板厚度一半处。

（2）砼底座

目前较普遍采用的底座结构是趾板式，安全而又经济，其主要优点是：不须爆破开挖齿槽，如须增加底座宽度时没有太多的施工困难；砼浇筑方便，可以保证质量；在趾板上便于进行帷幕灌浆与固结灌浆等。

底座的结构尺寸：一般良好岩基，宽度应不小于 $H/10$，考虑灌浆施工需要，底座最小宽度不小于 3 m。厚度一般为 0.5～1.0 m，但至少应等于面板在底部的厚度。

为适应温度变化、地形变化和砼干缩的影响，底座一般沿坝轴线方向每隔 6～8 m 设置伸缩缝一道；在地基坡度或地形变化较大处应专门加设伸缩缝。

3.1.3　比选结论

面板堆石坝方案最大坝高 50 m，上下游坝坡均为 1:1.4，上游钢筋砼面板 0.3 m 等厚，趾板厚度 0.8 m，宽 7 m，趾板坐落在弱风化岩层上。坝体面板段长 140 m，分成 12 块；坝体垫层区水平宽 3.0 m，过渡区水平宽 5.0 m。下游坝面用块石护坡，并设二级马道。

面板堆石坝方案主要的问题是溢洪道布置没有理想的地形条件，坝址区岩石抗压强度均较低（小于 30 MPa），大部分不能作为堆石料，只有在坝体Ⅳ区可利用当地石料，因此暂不作为推荐坝型。

3.2 重力坝

采用 100 号（C10）细骨料砼砌石重力坝，最大坝高 55 m，上游在高程 120.00 m 以上垂直，120.00 m 以下为 1:0.2 坡，下游坝坡为 1:0.8。大坝建基面坐落在弱风化岩下部。坝顶全长 162 m，分设 9 个坝段，每个坝段长 18 m，位于河床部位两个坝段为溢流坝段，设 4 孔每孔 7.5 m×4.5 m 泄洪闸，安装弧形钢闸门。溢流堰采用 WES 堰型，堰顶高程 144.00 m，采用挑流消能。水库正常蓄水位 147.00 m，按 50 年一遇洪水标准设计，500 年一遇洪水标准校核。

重力坝方案虽然三材用量较多，基础处理费用大，但枢纽布置简单，主体工程可提前开工，又可分期蓄水，便于导流。因此本阶段作为推荐坝型。

3.3 拱坝

坝址河床不宽，岸坡陡峻，从地形条件上看可以建拱坝。但坝址区岩石硬度较低，抗风化能力差，可见节理密集带，有小规模断层，错动明显，带中主要见两组水平平直光滑的节理面，呈 X 形状密集分布。坝肩岩体多为碎裂结构，力学强度很低。左岸强风化层厚度 17.30～23.51 m；右岸强风化层厚度 32.57 m，且坝肩有大体积崩塌体，范围 3 800 m²。因此，根据可行性研究阶段地质勘察报告分析，不宜建拱坝。

案例 5 长风南干渠倒虹吸管设计

1. 项目概况

长风水利水电枢纽工程为常山港干流梯级开发最上游的一级，是一项集灌溉、发电、通航为一体的综合性水利工程。长风水电站于 1996 年 7 月开始并网发电，发挥了较好的发电效益，但灌区的灌溉渠系工程还未配套。

长风水利水电枢纽工程坝址以上集雨面积 2 086 km²，水库正常蓄水库容 498 万 m³，总库容 1 170 万 m³，工程等别为 Ⅲ 等。发电引水渠过水流量 100 m³/s，其中发电设计流量 92.8 m³/s，灌溉及其他用水流量 7.2 m³/s。

长风灌区灌溉面积为 5.16 万亩，其中：水田 3.53 万亩，黄土丘陵 1.63 万亩，贯穿 5 个乡镇，受益人口 5.0 万人。渠系分南、北两条灌溉干渠：南干渠灌溉面积 2.94 万亩（其中水田 1.97 万亩，黄土丘陵 0.97 万亩），受益范围为何家、湖东、同弓 3 个乡的 3.5 万人；北干渠灌溉面积 2.22 万亩（其中水田 1.56 万亩，黄土丘陵 0.66 万亩），受益范围为辉埠、何家、湖东、狮子口等 4 个乡镇的 1.5 万人。

根据县里实际情况，制定了分批实施计划。首先实施长风枢纽工程常山港南片灌区渠系配套工程，即南干渠，从长风发电引水渠末引出，设计流量 1.85 m³/s，跨常山港后分两条干渠，即一干渠和二干渠。

长风灌区南干渠是自力更生治水水利重点工程，总长 10.45 km，其中总干渠 0.79 km，一干渠 3.16 km，二干渠 6.50 km。沿线主要建筑物有：跨常山港倒虹吸 1 座长 262 m，进水闸 1 座，分水闸两座，渡槽两座总长 713.5 m，机埠 1 座装机 150 kW，交通桥 7 座，跨 205 国道桥涵两处，涵洞两处总长 700 m，便桥 20 处，排洪闸 8 处，放水涵管 40 处。

《长风水利水电枢纽渠系配套工程——南干渠初步设计报告》由县水利水电勘测设计所，于 1997 年 9 月完成，工程总投资 523.69 万元。同年 11 月，由市水利水电局批复（文号"衢州水电〔1997〕154 号"）。

2. 倒虹吸管设计

倒虹吸管是输送渠水通过山谷、河流、洼地、道路或其他渠道的压力输水管道，是一种渠道交叉建筑物，是灌区配套工程中的重要建筑物之一。倒虹吸管具有工程量少、施工方便、节约劳动力及三材、造价低、可以工厂化生产等优点；缺点是水头损失较大。

2.1　管径确定

倒虹吸管按断面形状分，有圆形、箱形、拱形几种。圆形管道湿周小，与同样大小过水断面的箱形、拱形管道比，水力摩阻小，水流条件好，过水能力最大。圆形管管壁所受的内水压力均匀，且具有拱的作用，抵抗外部荷载性能好，与通过同样流量的箱形钢筋砼管道比，可节约 10%～15% 钢材。圆管施工方便，且适宜于在工厂内成批生产，质量较易掌握。本工程采用圆形倒虹吸管。

倒虹吸管径大则工程投资大，水头损失小，可控制自流灌溉面积大；反之，管径小则工程投资小，水头损失大，可控制自流灌溉面积小。管径的大小取决于管内流速的选择，经济流速在 $V=1.5\sim3.0$ m/s，为减少水头损失，尽可能多控制自流灌溉面积，取 $V=1.5\sim2.0$ m/s。管径 D_B 用下式计算

$$D_B=\sqrt{\frac{4Q_P}{\pi V}}$$

式中：Q_P——设计流量，$Q_P=1.85$ m³/s。

经计算，$D_B=1.09\sim1.25$ m，取内径 $D_B=1.2$ m，管内流速 $Ve=1.636$ m/s。

2.2　水头损失计算

水头损失按下式计算：

$$\Delta Z=h_f+h_j=(\zeta_f+\sum\zeta_j)\frac{V^2}{2g}$$

式中：h_f——沿程水头损失，m；

h_j——局部水头损失，m；

ζ_f——沿程阻力系数，$\zeta_f=\dfrac{2gL}{C^2R}$，$L$：管长，$C$：谢才系数，$R$：水力半径；

$\sum \zeta_j$——局部阻力系数之和，$\sum \zeta_j = \zeta_{进口} + \zeta_{入孔} + \zeta_{出口} + \zeta_{拦栅} + \zeta_{弯道}$。

经计算，$\Delta Z = 0.805$ m。

2.3　管壁厚度确定

初拟管壁厚度 δ 按下式进行估算，取大值：

$$\delta = \frac{K_f p r_B}{R_l - p}$$

$$\delta \geqslant 1.2 D_B / 10$$

式中：K_f——砼抗裂安全系数；

R_l——砼抗拉设计强度；

r_B——圆管内半径；

p——水头压力；

D_B——圆管内径。

经计算，取管壁厚度 $\delta = 16$ cm。

2.4　横向结构计算

先按管壁厚度 δ 和平均半径 r_c 的比值来判别是属于薄壁管，还是属于厚壁管，然后进行计算。

$$\delta / r_c = 1/4.25 > 1/8$$

为厚壁管。

2.4.1　荷载计算

按受力最大的水平段计算，取单位长 1 m 计算。

（1）管身自重：$G_{自} = \pi (r_H^2 - r_B^2) \gamma_h$

（2）管内水压力：

均匀内水压力强度 $p_B = \gamma_水 h$

非均匀内水压力的合力 $G_水 = \pi r_B^2 \gamma_水$

（3）管外水压力（取枯水位 92.00 m）：

均匀外水压力强度 $p_H = \gamma_水 h'$

非均匀外水压力的合力 $G'_水 = \pi r_H^2 \gamma_水$

（4）土压力（按沟埋式管）：

竖向土压力：$G_土 = K_T \gamma_土 B H$

25

管肩土压力：$G_{肩} = 0.107\,5\gamma_{\pm}D_H^2$

水平土压力（按上埋式公式）$G_{侧} = 1.382\,e_{侧}r_H = 1.382\zeta_0\gamma_{\pm}H_0r_H$

上述公式中：r_B——管内半径；

$\qquad\qquad r_H$——管外半径；

$\qquad\qquad \gamma_h$——钢筋砼容重；

$\qquad\qquad \gamma_{水}$——水容重；

$\qquad\qquad H$——自管顶算起的填土高度；

$\qquad\qquad \zeta_0$——侧压力系数；

$\qquad\qquad \gamma_{\pm}$——土容重。

2.4.2 内力计算

采用内圆外城门型管座，内力计算近似按刚性弧形管座（$2\alpha_\phi = 135°$）计算，详见表1-4。

表中：r_C——平均半径。

其中温度差产生的内力计算如下：

由于填土后温差很小，可近似视管内外温差沿环向均匀分布，相当于 $\Phi_g = 180°$，查表得 $\mu = 1$。$\delta = 16$ cm，温度呈二次曲线，$n = 2$，查表得 $C_m = 1$。管内外设计温差取 $\Delta t = 5℃$，砼的线性温度膨胀系数 $\alpha = 10^{-5}/℃$；200号砼弹性模量 $E = 0.8E_h$。

表1-4 倒虹吸管内力计算

项目	引起内力的原因							温度差	合力
	管自重力	非均匀内水压力（满管）	竖向均匀土压力	管肩土重力	均匀水平侧向土压力	均匀内水压力	均匀外水压力		
系数	0.052 7	0.052 7	0.123 0	0.058 0	−0.157 0	0.083 3	−0.833		
乘数	$G_{自}r_C$	$G_{水}r_C$	$G_{\pm}r_C$	$G_{肩}r_C$	$G_{侧}r_C$	$p_B\delta^2 rH/r_C$	$p_H\delta^2 rH/r_C$	2.218 7	7.196
M_A	0.612 4	0.405 3	5.660 8	0.176 3	−1.598 6	0.292 9	−0.572 2		
系数	−0.058 9	−0.058 9	−0.122 0	−0.094 0	−0.152 0	0.083 3	−0.083 3		
乘数	$G_{自}r_C$	$G_{水}r_C$	$G_{\pm}r_C$	$G_{肩}r_C$	$G_{侧}r_C$	$p_B\delta^2 rH/r_C$	$p_H\delta^2 rH/r_C$	2.218 7	−3.551
M_B	−0.684 5	−0.453 0	−5.614 7	−0.285 3	1.547 6	0.292 9	−0.572 2		

续表

项目	引起内力的原因								合力
	管自重力	非均匀内水压力（满管）	竖向均匀土压力	管肩土重力	均匀水平侧向土压力	均匀内水压力	均匀外水压力	温度差	
系数	0.051 0	0.051 0	0.106 0	0.083 0	− 0.117 0	0.083 3	− 0.083 3	2.218 7	6.864
乘数	$G_自 r_C$	$G_水 r_C$	$G_土 r_C$	$G_肩 r_C$	$G_侧 r_C$	$p_B \delta^2 rH/r_C$	$p_H \delta^2 rH/r_C$		
M_C	0.592 7	0.392 2	4.878 4	0.252 3	− 1.191 3	0.292 9	− 0.572 2		
系数	− 0.019 7	− 0.179 0	0.007 0	− 0.042 0	0.674 0	− 1	1		− 50.523
乘数	$G_自$	$G_水$	$G_土$	$G_肩$	$G_侧$	$p_B r_B$	$p_H r_H$	0	
N_A	− 0.336 7	− 2.024 5	0.473 8	− 0.187 7	10.092 1	− 73.74	15.20		
系数	0.250 0	− 0.068 6	0.500 0	0.500 0	0.000 0	− 1	1		− 18.968
乘数	$G_自$	$G_水$	$G_土$	$G_肩$	$G_侧$	$p_B r_B$	$p_H r_H$	0	
N_B	4.272 5	− 0.775 9	33.840 0	2.235 0	0	− 73.74	15.20		
系数	0.298 7	− 0.179 0	0.272 0	0.321 0	0.326 0	− 1	1		− 30.735
乘数	$G_自$	$G_水$	$G_土$	$G_肩$	$G_侧$	$p_B r_B$	$p_H r_H$	0	
N_C	5.104 8	− 2.024 5	18.409 0	1.434 9	4.881 3	− 73.74	15.20		

得 $M_A = M_B = M_C = \mu \cdot \alpha \cdot E \cdot \delta^2 \Delta t \cdot C_m / 12$

$N_A = N_B = N_C = 0$

2.4.3 配筋计算

在设计倒虹吸管时，拟将 K 值提高一级，故基本荷载组合时，设计强度安全系数 $K = 1.5$。

基本荷载组合＝管自重力＋管内外水压力＋土压力＋温差。

地震烈度小于 6 级，故不进行抗震设计。

根据 KNe' 或 KNe 值选择配筋控制点，见表 1−5。

表 1−5 配筋控制点选择计算

项目	截面 A（顶）	截面 B（中）	截面 C（底）
$M/(\text{kN} \cdot \text{m})$	7.196	− 3.551	6.864
N/kN	− 50.523	− 18.968	− 30.735
$e_0 = M/N$	0.142	0.187	0.223

项目	截面 A（顶）	截面 B（中）	截面 C（底）
$e'=e_0+\delta/2-a'$	0.202	0.247	0.283
$e=e_0-\delta/2+a$	0.082	0.127	0.163
KNe'/KNe	15.308/6.247	7.028/3.613	13.047/7.515

保护层 $a=a'=2$ cm，$\delta/2-a=0.06$ m；

$e_0=M/N>\delta/2-a$，属大偏心受拉，$e=e_0-\delta/2+a$；

max（KNe'）=15.308，A 截面；

max（KNe）=7.515，C 截面。

按大偏心受拉公式计算。

$$A'_g=\frac{KNe-0.4b\delta_0^2R_\omega}{R_g(\delta_0-a')}<0$$

按构造配筋，选用 $7\phi8@14.3$（$A'_g=3.52$ cm^2）。

令 $A'_g=0$，计算 A_g；

$$A_0=\frac{KNe}{b\delta_0^2R_\omega}=0.027$$

查表 $a=0.027\,4$，$x=a\delta_0=0.003\,8$ m

$X<2\,a'=0.04$ m，按下式计算；

$$A_g=\frac{KNe'}{R_g(\delta_0-a')}=5.32\ \text{cm}^2$$

选用 $11\phi8@9.1$（$A_g=5.53$ cm^2）。

2.4.4 抗裂度验算

$$n=\frac{E_g}{E_h}$$

$$A_0=A+(n-1)(A_g+A'_g)$$

（1）中和轴距内壁边缘距离 X_f 为

$$X_f=\left[A\cdot\frac{1}{2}\delta+(n-1)A'_g\ \delta_0+(n-1)A_g\cdot a\right]/A_0$$

$$J_0=\frac{bX_f^3}{3}+\frac{b(\delta-X_f)^3}{3}+(n-1)A'_g(\delta_0-X_f)^2+(n-1)A_g(X_f-a)^2$$

$$W_{0内} = \frac{J_0}{X_f}$$

$$W_{0外} = \frac{J_0}{\delta - X_f}$$

（2）温度应力计算

$M'_t = 2.219 \text{ kN·m}$，$N_t = 0$，边缘纤维应力修正值：

$$内缘 \ \sigma_{c内} = \frac{1}{6}\alpha E \Delta t$$

$$外缘 \ \sigma_{c外} = \frac{1}{6}\alpha E \Delta t$$

$$\sigma_{t内} = \left(\sigma_{c内} - \frac{M'_t}{W_{0内}}\right)/\gamma \quad （\gamma \ 为塑性影响系数）$$

$$\sigma_{t外} = \sigma_{c外} + \frac{M'_t}{W_{0外}}$$

（3）抗裂度验算（顶点 A）

$\sum M = 4.977 \text{ kN·m}$，$\sum N = -50.523 \text{ kN}$，由 $r_c/\delta = 4.25$ 查表得 $K_内 = 1.088\,5$，$K_外 = 0.93$

$$\sigma_{内缘} = -\frac{N}{A_0} - K_内 \frac{M}{\gamma W_{0内}} + \sigma_{t内} = -210.4 \text{ kN/m}^2$$

$$\sigma_{外缘} = -\frac{\sum N}{A_0} + K_外 \frac{\sum M}{\gamma W_{0外}} + \sigma_{t外} = -115.2 \text{ kN/m}^2$$

$$R_f/K_f = 1\,391 \text{ kN/m}^2$$

$\sigma_{内缘}$、$\sigma_{外缘}$ 均小于 R_f/K_f，故安全。

2.5　纵向配筋

纵向按构造配筋：

内层 $13\phi8$（$A_g = 6.535 \text{ cm}^2$）

外层 $15\phi10$（$A_g = 11.781 \text{ cm}^2$）

2.6　进出口布置

2.6.1　沉沙池

拦污栅前设沉沙池，尺寸由经验公式确定：

水平段长度 $Lp \geqslant$（4~5）h，取 = 5.5 m；

水平段宽度 $B \geqslant$（1~2）b，取 = 1.35 m；

沉沙池低于渠底的深度：

$T \geqslant 0.5 D + \delta + 20 = 96$ cm，取 $T = 100$ cm。

2.6.2 上下游水位和底高程确定

上游水位 99.76 m，渠底高程 98.48 m；

下游水位 98.88 m，渠底高程 97.60 m。

进出口与渠道连接用 1:3~1:3.5 斜坡。进口设拦污栅，用 ϕ12 钢筋，栅条间距 8 cm，拦污栅水平倾角 80°。出口接一、二干渠分水闸。

2.7 镇墩及进人孔布置

倒虹吸管进出口和两处转弯处设镇墩，共 4 个。在第一个转弯镇墩处设进人孔，以便检修。

案例6 "强塘固房"工程

1. 背景

2008年1月,时任浙江省委书记赵洪祝在视察常山县狮子口水库除险加固工程时,首次提出"强塘固房"工程战略决策。

省委书记赵洪祝指出,"强塘固房"是一项防灾减灾抗灾、保障浙江经济社会又好又快发展的重要基础工程;是一项推动社会主义新农村建设、扩大农村投资和消费需求的实事工程;是一项坚持执政为民、保障人民群众切身利益的民生工程。要把全面建设惠及全省人民的小康社会的宏伟蓝图与水利发展的长远目标紧密结合起来,把握工作重点,扎实做好工作,协调好水利防汛防台基础设施建设与经济社会发展的关系,加快现代水利工程体系和管理体系建设,提高防洪防潮防台防涝和山洪灾害防治能力。"浙委办〔2008〕98号"文印发了《关于全面实施"强塘固房"工程的意见》。

"强塘固房"工程分"强塘"和"固房"两部分,其中"强塘"部分由水利部门组织实施,"固房"部分由住建部门组织实施。

"强塘固房"以各级政府为主导,省人民政府与各市人民政府签订责任书;各市人民政府又与所属县(区、市)签订责任书。

2. "强塘固房"工程目标

常山县"强塘固房"工程的总体目标是:到2020年,以保障人民群众生命财产安全和全县经济社会发展为核心,建成布局合理、标准适宜、体系完备、功能完善、管理规范、保障有力的防灾减灾工程体系,江堤、水库、山塘等水利工程防护能力达到国家标准,城市防洪工程全线闭合,城市排涝全面达标,防御洪涝台能力达到中等发达国家水平,以适应浙江省提前基本实现现代化的要求。

3. 责任书主要内容

根据省委省政府作出全面实施"强塘固房"工程的战略决策,市人民政府与县人民政府签订 2008—2012 年"强塘固房"工程（"强塘"部分）责任书，主要内容（除工程建设任务外）如下。

3.1 "强塘"的主要任务

（1）各级政府主要领导是第一责任人，分管领导为第二责任人，也是直接责任人。

（2）每项工程都必须落实领导责任人和技术负责人，下一年度的实施计划于当年 8 月中旬报市政府及有关部门。

（3）要切实加强水利工程的管理维护，确保在设防标准内安全运行。

（4）年度实施计划建设任务要逐项分解到建设单位，要明确各项工程完成时间、质量标准、资金筹措方案，加快建设，保证质量，确保年度计划完成率和工程质量合格率达 100%。年度实施计划项目要以项目明细表为依据，原则上不得调整，经论证确需调整的，要报省政府和有关部门同意。

（5）进一步完善防汛预案，要建立水利工程巡查制度，加强预警、预报工作，遇险情时，及时转移人员，做到"不死人，少伤人"。

（6）要按照"强塘固房"工程战略决策，加快易涝常灾地区的防洪排涝工程建设，县以上城市防洪按规划达标，城市扩大区防洪排涝工程同步达标。

（7）加大资金投入力度，确保地方建设资金足额及时到位。加强资金管理，严禁挤占、挪用和滞留建设资金，确保专款专用。

3.2 市级有关部门主要责任

（1）市水利局会同市级有关部门制定"强塘"工程总体方案，指导各地编制"强塘"工程实施方案，会同市有关部门编制并上报、下达年度实施计划，检查、监督各地做好前期和建设管理工作，定期通报建设进展。

（2）市发改委负责项目审批和项目稽查工作，简化审批手续，确保前期工作进度满足年度计划实施的需要，会同市水利局积极争取中央、省补助，并及时转达中央、省投资计划，督促检查地方落实建设程序。

（3）市财政局会同有关部门，制定市本级"强塘"工程配套资金筹措政策；负责上级补助资金的下达；检查监督"强塘"工程资金使用管理，督促地方落实建设资金。

（4）市审计局组织开展"强塘"工程的审计调查工作，负责督促落实审计调查意见。

（5）市国土局负责检查督促各地落实"强塘"工程建设用地，及时审批用地申请，确保工程建设需要。

（6）市环保局负责依法许可有关项目环境评价文件，并督促当地环境保护行政主管部门做好项目的日常环境监督管理工作。

（7）市建设局负责检查督促各地做好城市防汛和排涝工作，确保城市防汛安全和城市排涝工程建设。

（8）市规划局负责审批规划选址意见，确保工程建设需要。

（9）市监察局负责监督各级政府和市级相关部门"强塘"工程指导服务和管理的情况。严肃查处"强塘"工程中的失职渎职行为。

3.3　年度考核

本责任书实行年度考核。考核的主要内容为"强塘固房"工程（"强塘"部分）的责任制落实、建设任务的完成、建设管理、质量管理、工程安全、资金筹措和管理等。每年末，由市政府组织考核和督查，考核结果由市政府进行通报，对以上"强塘"主要任务中有一条未完成的，实行一票否决，不得推荐参评水利系统各类先进和省政府"大禹杯"。

4."强塘固房"工程任务

今后 5 年，以病险水库除险加固、小流域堤防加固建设为重点，全面加快"强塘固房"工程建设，切实提高防灾减灾整体能力。按照先除险加固、后提高标准的原则，常山县强塘固房工程（水利部分）主要任务如下。

（1）完成 41 座小（2）型以上病险水库的除险加固任务，大幅度提高水库安全度。其中中型两座、小（1）型 3 座、小（2）型 36 座。

（2）争取 5 年内完成 1 万～10 万 m^3 山塘除险加固 129 座。

（3）以局部易发生强降雨形成山洪的小流域堤防加固为重点，根据《常山县重点小流域防洪避洪规划》，5 年内完成小流域堤防加固 32.8 km，以重点提高小流域两岸乡镇、村庄人口密集区和成片农田的防洪能力。

（4）在目标责任书外，增加钱塘江等干堤加固工程，5 年内完成干堤加固12 km。

5. 工程投资

常山县"强塘固房"工程（水利部分）5 年计划总投资 58 150 万元，其中水库除险加固 41 座，投资 25 220 万元；钱塘江等干堤加固 3 条 12 km，投资 7 175 万元；小流域堤防加固 9 条 32.8 km，投资 13 448 万元；病险山塘整治 129 座，投资 8 832 万元；工程维修养护 3 475 万元。

6. 保障措施

实施"强塘固房"工程是一项事关全局和长远的战略任务，各级政府必须采取行政、法律、经济、宣传、教育等手段，从加强认识、贯彻政策法规、完善管理体制、拓宽融资渠道、强化公众参与等方面采取切实有效的措施，全面落实总体方案提出的各项目标和任务。

6.1 加强领导，落实责任

"强塘固房"工程是一项民生工程，关系到百姓的生命财产安全。各级党委和政府要进一步统一思想，提高认识，自觉从巩固和扩大党执政的群众基础的这一政治高度出发，加强领导，把"强塘固房"工程作为党委政府的一项重要工作来抓，明确任务，落实责任。

建立完善"强塘"工程组织责任体系，县（区、市）、乡（镇）、村逐级签订责任书，分解落实"强塘"工作责任。水利部门要把全面实施"强塘固房"工程作为当前和今后一个时期水利工作的重中之重来抓。

6.2 明晰事权，增加投入

"强塘固房"工程公益性很强，关乎广大人民群众的生命财产安全，各级政府要切实增加"强塘固房"工程投入。省里对各类工程按地区经济类别给予 10%～40% 补助，县级以上资金要求不得少于 70%。按照现行管理体制，进一步明晰事权，省里对病险水库和小流域堤防工程给予投资补助，对病险山塘整治工程予以适当的以奖代补。县级承担同级管理的工程的投资与建设。农村集体经济组织所有的小型水利工程，由农村集体经济组织为主承担其投资与建设，县级财政给予补助。

6.3 制定政策，鼓励投资

提供鼓励和支持社会参与、民间资本踊跃投入的良好政策环境，建立多渠道筹资体系。运用市场经济手段，鼓励和支持社会民间资金投向"强塘固房"工程。政府通过财政补助及减少规费等各项优惠政策，鼓励不同经济成分和各类投资主体，以独资、合资、承包、租赁、拍卖、股份制、股份合作制等不同形式参与"强塘固房"工程建设。

6.4 加快前期，加强管理

"强塘固房"工程项目多、任务重、时间紧，各方要集中力量，合理调配勘测设计和咨询评估技术力量，确保前期工作进度，提高前期工作质量。各方要加强建设管理，严格执行项目法人制、招标投标制、建设监理制、合同管理制等制度，狠抓工程质量、安全、进度和投资控制，确保工程质量和安全生产。加强资金管理，强化过程监督和验收管理，确保工程安全、优质、高效。

6.5 部门协作，强化服务

县级各有关部门要从大局出发，加强领导，主动服务，团结合作，协调作战，以形成行动一致，党政全力保障，部门提供服务，干群主动参战的建设大局，把这件惠及百万农民的大事做好做实。要制定和完善相关的政策与规定，加强"强塘固房"工程建设的政策引导，突出重点，切实增强为基层、百姓提供实实在在的服务，为全面实施"强塘固房"工程提供政策保障。

6.6 加大宣传，营造氛围

应通过电视、报纸等新闻媒体，大力宣传"强塘固房"工程建设的紧迫性和重要意义，统一各级政府、各个部门和全社会的认识，营造全社会关心支持的氛围，让"强塘固房"得到社会各界的广泛认同，深入人心。特别是要加强"强塘固房"工程的重要性、特殊性、紧迫性的宣传，使"强塘固房"的气氛更加浓厚。

案例 7 连通长江流域与钱塘江流域水系

1. 水系概况

长江，中国第一大河，全长 6 387 km，居世界第三位，流域面积达 180 万 km²，流经 11 个省级行政区。长江水系发育，由数以千计的大小支流组成，其中流域面积在 1 万 km² 以上的支流有 49 条；长江水量丰富，约占全国河流径流总量的 36%，是黄河的 20 倍，但人均占有量仅为世界人均占有量的 1/4，径流地区分布很不均匀，单位面积产水以鄱阳湖和洞庭湖水系为最大；长江航运发达，共有通航河流 3 600 多条，按自然条件和经济联系来分，大体可分为 6 个自成体系且又通过长江干流相互联系的地区航道网，其中以南昌为中心的鄱阳湖水系航道网，包括赣江、抚河、信江、饶河、修水、袁河、昌江、鄱阳湖区航道等，通航里程约 5 000 km。

钱塘江，浙江省的母亲河，是浙江省第一大河，中国名川之一，以其雄伟壮观的钱江潮闻名古今中外。钱塘江在历史上名浙江，浙江省因此而得名。位于浙江省西部边陲的常山县，把长江流域和钱塘江流域紧紧连在一起。

常山县水系分属钱塘江流域与长江流域鄱阳湖水系信江，属钱塘江流域的河流有常山港及其支流，属鄱阳湖水系信江的河流有球川溪。常山县东临衢州市，南靠江山市，西接江西省玉山县，西北与开化县毗邻，东北与杭州淳安县相连，东西宽 46 km，南北长 55.5 km，全县面积 1 099 km²。

1.1 球川溪

球川，浙西边陲的一座千年古镇，古名七都，相传因南宋大理学家、思想家、教育家朱熹的佳句"山环成球，水汇成川"而得名。又由于朱熹的一副对联"山列锦屏秀、水流翰墨香"，让这座江南古镇闻名遐迩。2002 年，时任浙江省委书记张德江题词"浙西第一镇"。球川镇行政区域面积 129.5 km²，分属长江流域和钱塘江流域，总人口约 4 万人。

球川溪，是球川镇的母亲河，属长江流域鄱阳湖水系信江主源金沙溪支流，常山县境内河长 16.85 km，流域面积 43.35 km²，平均坡降 13.36‰，自然落差

410 m，年平均流量 1.68 m³/s。球川溪发源于浙赣两省交界的紫坑岭，经乌麦田、荷家坞、千家排水库、球川、杨家、曹宅、西村，至廖家出浙江省境，向西汇入江西玉山县信江主源金沙溪。

1.2 信江

信江是鄱阳湖水系五大河流之一，又名上饶江，古名余水，唐代以流经信州（今江西上饶）而名信河，清代称信江。

正源金沙溪，发源于江西省上饶市玉山县北部怀玉山平家源，南流经金沙、冰溪镇，转西南经十里山、灵溪至上饶市南郊，与源出仙霞岭西麓的丰溪汇合后称信江。干流自东向西，流经上饶、铅山、弋阳、贵溪、鹰潭、余江、余干等县市，在余干县境分为东、西两支注入鄱阳湖，沿途汇纳了石溪水、铅山水、陈坊水、葛溪、罗塘河、白塔河等主要支流。全长 313 km，流域面积约 1.6 万 km²。

信江流域已建成各种灌溉设施共约 5.5 万座，控制水量 23 亿 m³，信江盆地中心的铅山、上饶一带农业富饶，有"赣东北粮仓"之称。流域内森林资源丰富，重要矿产有铜、铅、锌、蛇纹石、钨、铀、金、银、稀有金属和稀土等。信江流域风光秀丽，名胜古迹众多。位于信江上游的三清山和支流白塔河中、下游的龙虎山均为道教圣地。

1.3 钱塘江

钱塘江发源于安徽省休宁县龙田乡江田村，河源高程 858 m，流域最大高程 1 782 m，流域地势西南部高、东北部低，干流总趋势为南西—北东向。干流河段名称有：安徽省境内称龙田河，开化县华埠以上称马金溪、金溪，开化县华埠至衢州双港口称常山港，常山港至衢州市南郊右纳江山港后称衢江；衢江沿东北方向下行，接纳了众多支流，呈羽状水系，其中较大的有右岸的乌溪江和灵山港，左岸的铜山源、芝溪，至兰溪市上华，右纳金华江后称兰江；兰溪市以下折向北流，至建德市梅城与新安江汇合后称富春江。右纳浦阳江后称钱塘江。

通常将富春江水电站至东江嘴称为近口段，东江嘴以下至海盐县澉浦与慈溪市西三闸连线称为河口段，海盐县澉浦与慈溪市西三闸连线以下至上海市南汇区芦潮港闸与宁波市镇海区外游山连线称河口湾，习称杭州湾。富春江电站以上为山溪性河道，坡陡流急；富春江电站以下为感潮河道，河口潮差大，潮流强，属强潮河口。钱塘江下游两岸为滨海平原水网区。江南岸为萧绍宁平原，江北岸为杭嘉湖平原。

钱塘江流域面积 55 491 km²，干流长度 609 km，涉及安徽省、江西省、福建省、浙江省和上海市，其中安徽省境内 6 186.9 km²、江西省境内 119.4 km²、福建省境内 131.9 km²、浙江省境内 44 466.9 km²、上海市境内 35.8 km²，以及河口水域面积 4 550.1 km²。钱塘江流域南以仙霞岭为界，与福建闽江分水；西南以怀玉山为界，与江西省鄱阳湖水系的乐安江、信江分水；北以黄山、天目山山脉为界，与安徽省青弋江和浙江省太湖水系分水；东北为杭州湾；东以四明山、天台山山脉为界，与甬江水系、椒江水系分水；东南以仙霞岭山脉为界，与瓯江水系分水。流域四周群山环抱。地势西南高、东北低，山丘多、平原少，河谷盆地散布，最大的一片为金衢盆地。

钱塘江干流自河源至乌溪江汇合断面以上为上游河段，乌溪江汇合断面以下至新安江汇合断面以上为中游河段，新安江汇合断面以下为下游河段。钱塘江干流流经安徽省黄山市休宁县，浙江省衢州市的开化县、常山县、柯城区、衢江区、龙游县，金华市的婺城区、兰溪市，杭州市的建德市、桐庐县、富阳区、西湖区、萧山区、滨江区、上城区、江干区，嘉兴市的海宁市、海盐县、平湖市，绍兴市的柯桥区、上虞区，宁波市的慈溪市、余姚市、镇海区，上海市的金山区、南汇区。钱塘江干流在安徽省境内长度 22.9 km；浙江省境内干流分市长度：衢州市境内 208 km，金华市境内 44.6 km，杭州市境内 220 km，绍兴市境内 16.7 km，嘉兴市境内 63.4 km，宁波市境内 98.0 km。

钱塘江水系有集水面积 100 km² 以上河流 149 条；集水面积 1 000 km² 以上支流有 11 条，自上游至下游分别为：江山港、乌溪江、武义江、金华江、横江（皖）、练江（皖）、五强溪、新安江、分水江、浦阳江、曹娥江。

钱塘江流域多年平均年降水量 1 579.8 mm，多年平均年径流深 874.0 mm。浙江省境内共有大中型水库 73 座，其中：大（1）型水库两座，大（2）型水库 14 座。

1.4 水系连通

球川溪是连接长江鄱阳湖水系与钱塘江水系的重要桥梁。早在 20 世纪 60 年代，就修建了球川溪引水工程；20 世纪七八十年代修建了西水东调骨干工程——千家排水库，把信江的水调往钱塘江流域，效益显著；远期有望连通钱塘江水运航道与长江鄱阳湖水运航道。

2. 球川溪引水工程

2.1 最早的球川溪引水工程

位于球川镇兴贤塔旁至东山坞水库，引水工程全长 2 248 m。工程建筑物有堰坝 1 座，冲沙闸、进水闸各 1 座，隧洞 1 处（长 73 m），引水流量为 4 m³/s。1965 年 9 月动工，1966 年 12 月竣工，投资 33.49 万元。球川引水渠道引球川溪水，灌溉东山、新屋、后弄以及龙绕、同弓两公社的农田，面积有 2.4 万亩。该西南片灌区属常山县商品粮主要产区，由于抗旱能力低，常遭旱灾，如 1964 年仅龙绕公社就因旱减产 80 多万斤粮食。灌溉水源若到常山港提水，成本很高，实施难度大，因此球川溪引水工程是当时优选方案。

该方案在球川溪兴贤塔旁建堰开渠，引水至已建的东山坞水库（总库容 94 万 m³），在库尾开挖渠道，引水至正在兴建的金川弄水库（总库容 95 万 m³），再修建干渠向灌区自流灌溉。

球川溪引水工程有拦河堰坝，堰长 30 m，高 3.5 m，堰顶高程为 157.00 m，设计洪水位 159.28 m。冲沙闸与进水闸均长 2 m，高 2 m，螺杆升降闸门。工程建成后，适遇"文化大革命"运动，工程管理较差，渠道漏水严重。同时，隧洞进口较东山坞水库溢洪道底高 0.7 m，东山坞水库至金川弄水库的引水渠道（长 548 m）断面太小，过水流量不足 1 m³/s，球川溪引水工程未获得设计效益。1970 年千家排水库开始修建后，引水工程更是无人看管，几近废弃。

2.2 重建球川塔底引水工程

2.2.1 设计缘由

千家排水库建成后，拦截了西去的溪水，从鄱阳湖水系调往钱塘江水系，使它为常山县的农田灌溉服务。千家排水库的水经长 7 km 的总干渠充入红旗岗水库，再由红旗岗水库放水沿长 27.8 km 的北干渠灌溉下游农田，组成千红灌区。总干渠沿线灌溉面积只有 0.8 万亩，北干渠沿线灌溉面积达 3.4 万亩，还有南干渠沿线灌溉面积 1.8 万亩，总设计灌溉面积 6 万亩。大部分的农田都在红旗岗水库下游。

红旗岗水库集雨面积 2.7 km²，正常蓄水位 148.00 m，正常蓄水库容 476 万 m³，总库容 559 万 m³，于 1970 年开始蓄水。因为集雨面积小，所以红旗岗水库本身入库水量较少，根本不能满足下游农田灌溉需要，大部分的水需由千家排水库放水补充。但是，长 7 km 的总干渠由于原施工质量差，工程老化，加上人为破坏现象严重，特别是沿渠取水口不断增加，渠内拦水障碍物多，使得总干渠的输水率很低。通过对 1991 年灌溉典型月——7 月的水量平衡计算，千家排水库向下游沿总干渠共放水 444 万 m³，但充入红旗岗水库的水量只有 94 万 m³，充库率只有 21.2%。

水库管理处十分重视总干渠这条输水"咽喉"的管理工作。几年来，在县水电局的支持下，对总干渠进行了维修，从 1986 年至 1992 年，共计维修经费 11.8 万元，平均每年维修费用 1.686 万元。但是，由于灌溉矛盾不能有效地得到处理，人为破坏现象只增无减，工程根本没有自我维持能力，因此，效果并不佳。要明显提高总干渠的输水能力，还存在许多一时难以解决的实际问题。总干渠 3+440 桩号以上的全部渠道漏水，以及被无控制凿取洞口进行灌溉的多余水都汇入球川溪，白白浪费掉。

这种情况继续下去，势必影响千家排水库工程灌溉效益的发挥，千红灌区的灌溉矛盾将越来越大，灌区的农业生产也将受到极大的不利影响。因此，利用原球川兴贤塔底的引水工程，修复完善后把球川溪里的水再次利用起来，作为下游农田的灌溉补充水量，是十分必要的。在一定时期内，对于千家排水库灌溉效益的充分发挥，引水工程是潜力最大，经济最合理，见效最快的工程。

2.2.2 总体布置方案

球川塔底引水工程，就是利用原来建筑在球川溪上的拦水堰、进水闸、引水渠，把球川溪里的水抬高后，经长 1 700 m 的引水渠（含隧洞 73 m）把水引进东山坞水库，再从东山坞水库经长 450 m 的引水渠把水引入金川弄水库，最后引入红旗岗水库，补充下游农田的灌溉水量，形成"长藤结瓜"式灌溉形式，即球川溪—东山坞水库—金川弄水库—红旗岗水库。

拦水堰分主堰、副堰及冲砂闸等水工建筑物。主堰高 3.5 m，堰顶高程 157.00 m，单宽流量 3.3 m³/s，堰体长 30 m，水深 2.28 m，过水流量 99 m³/s。副堰高 1.5 m，堰顶高程 158.00 m，单宽流量 1.7 m³/s，堰体长 270 m，水深 1.28 m，过水流量 459 m³/s。冲砂闸内孔宽 2 m，闸底高程 154.50 m。

进水闸启闭室地面高程为 159.90 m，高于设计洪水位 159.28 m。引水渠首渠底高程 154.90 m，边墙墙顶高程 157.50 m。

2.2.3 引水流量确定

总干渠设计流量为 4.0 m³/s，主要支渠设计流量：球川支渠 0.2 m³/s，杨家支渠 0.3 m^3/s，金川弄支渠 0.4 m^3/s。但实际上总干渠除原设计三条支渠外，还有碧石坞村和竹林村两处机埠，凉亭背、黄家弄及七七场三处较大取水口，加上小的取水口沿渠很多。总干渠沿线取水口不少于 15 处，其实际取水流量合计数大于 1.5 m^3/s，加上沿程水量损失，进入红旗岗水库的流量约 1.5 m^3/s。

北干渠设计流量为 2.5 m^3/s，考虑工程造价、水源的可能性及红旗岗水库本身水量进出的基本平衡等因素，为使引水流量较为合理，确定引水流量为 1.0 m^3/s。

塔底堰坝上游集水面积 36 km^2，主流长 15 km，除去千家排水库控制集雨面积 27 km^2 外，还有 9 km^2 水库控制以外的集雨面积。按多年平均降雨量 1 840 mm 计，径流系数取 0.47，年来水量为 778 万 m^3，年平均流量 0.25 m^3/s。

根据历年实际发电放水情况分析，发电放水期一般在 3—8 月，而降雨集中期在 3—6 月，7—8 月一般水库水位较高，灌溉需要放水量大，因此在 3—7 月期间的引水是现实的。根据目前总干渠的实际情况，塔底堰坝的上游地带，桩号 3+440 以上渠段取水口拦水障碍物特别多，因而水量浪费也最大。由几年来二级白凉亭电站与一级千家排电站的实际发电量情况分析，这一段的流量损失在 1.0 m^3/s 以上。为留有余地，引水时间按 5 个月计算，则千家排水库放水损失水量可重新利用水量每年为 1 300 万 m^3。

综上所述，利用千家排水库放水损失水量和水库控制面积外 9 km^2 降雨进行引水，总引水量可达 1 800 万 m^3，按 5 个月引用流量 1.0 m^3/s 的水是能保证的。扣除东山坞水库的充库和灌溉水量，以及金川弄水库的充库水量，可保证引至红旗岗水库的水量达 1 000 万 m^3，相当于千家排水库年放水量的 40%左右。

当然，金川弄水库（集雨面积 0.71 km^2）和东山坞水库（集雨面积 1.03 km^2）本身也有来水量，千家排水库水量过多造成溢洪的水都在可引水量之列，但为留有余地，这些都不再计算进去。

2.2.4 引水高程控制

塔底拦水堰堰顶高程 157.00 m，设计洪水位为 159.28 m。东山坞水库溢洪道堰顶高程 153.90 m。东山坞水库至金川弄水库引水高程（即引水渠渠首底高程）定为 152.90 m；引水渠坡降土渠段为 1:1 000，浆砌渠段为 1:500。金川弄水库溢洪道底高程开挖至 151.50 m。

2.2.5 具体施工方案

2.2.5.1 塔底至东山坞水库段引水渠

引水渠全长 1 700 m，其中隧洞 73 m，隧洞上游 1 500 m，隧洞下游 127 m，基本能满足引水要求。

（1）修复和完善冲砂闸和进水闸。进水闸启闭设施尚可使用，但应保养和维修；冲砂闸启闭设施则已被破坏，需要进行修复。启闭室门、窗需修理；扩建冲砂闸启闭房约 15 m²。

（2）引水渠先考虑以能通过 1.0 m³/s 流量的水为准则，不做大规模的防渗处理，一般的渗漏在以后逐年维修中处理。主要项目有：清理几处大塌方，渠中排洪闸修复，隧洞进口分洪小闸门及隧洞内淤积处理等。

2.2.5.2 东山坞水库至金川弄水库引水渠

引水渠全长 450 m，其中原涵洞 120 m，明渠 330 m。因原引水断面太小，过水流量不足 1.0 m³/s，且渠底高程过高，故应进行挖深、挖宽。120 m 涵洞应先挖除涵洞上部覆盖层，再挖开涵洞拱圈及两侧墙，最后再挖大断面。开挖后为减低造价，涵洞段及局部易塌方处采用两侧浆砌块石挡土墙，墙高 1.5 m（含基础深 0.3 m），墙顶宽 0.5 m，墙底宽 0.8 m，渠内宽 1.4 m。其余部分采用土渠，底宽 1.0 m。

土渠：$Q=1.7$ m³/s，$L=200$ m，$i=1/1\,000$；

浆砌渠：$Q=1.4$ m³/s，$L=250$ m，$i=1/500$。

2.2.5.3 金川弄水库溢洪道

溢洪道进口开挖宽度为 4 m。因为溢洪道经中球公路线桥底穿过，所以为了保证公路桥墩基础的安全，桥墩处开挖宽度为 3 m，并用浆砌块石墙砌筑保护，墙厚 0.6 m，内孔宽 2 m。溢洪道平均开挖深度 0.9 m。

2.2.6 工程预算造价

工程预算造价见表 1-6。

项目名称：球川塔底引水工程。

表 1-6 常山县千家排水库工程项目预算单

编号	项目名称	单位	数量	单价	金额/元
	1. 塔底至东山坞水库引水渠				
（1）	扩建冲砂闸启闭室	m²	15	180	2 700
（2）	闸门及门、窗修理	项	1		2 300

编号	项目名称	单位	数量	单价	金额/元
（3）	塌方石方清理	m³	500	4	2 000
（4）	排洪闸修复	项	1		1 000
（5）	分洪小闸门处理	座	1		1 000
（6）	清淤土方	m³	400	2.5	1 000
	2. 东山坞至金川弄水库引水渠				
（7）	涵洞覆盖层土石方开挖	m³	1 440	5	7 200
（8）	挖涵洞及基础墙	m³	240	10	2 400
（9）	断面开挖土石方	m³	2 800	5	14 000
（10）	浆砌块石挡土墙	m³	593	45	26 685
	3. 金川弄水库溢洪道				
（11）	土石方开挖	m³	95	5	475
（12）	浆砌块石墙	m³	35	45	1 575
（13）	砼底板（厚 20 cm）	m³	12	100	1 200
	直接费小计				63 535
（14）	施工管理费			10.5%	6 671
（15）	建筑营业税			3.278%	2 301
	合计				72 507

审批：×××　　　　　　编制人：朱根权　　　　　　日期：1992 年 6 月 25 日

2.2.7 经济效益分析

（1）从灌区灌溉效益来看，每年可引水向下游增加水量 1 000 万 m³，相当于红旗岗水库正常蓄水库容的 2.1 倍，但投资仅 7.25 万元。如果按毛灌溉定额：4—7 月 404.4 m³/亩、8—10 月 601.6 m³/亩计算，则增加的水量可保证灌溉 9 940 亩农田。

（2）从本单位经济效益来看，红旗岗水库每年增加水量 1 000 万 m³，按平均耗水率 24 m³/kW·h 计算，四级红旗岗电站可增加发电量 41.7 万 kW·h，按 0.15 元/kW·h 电价计，可增加收入 6.25 万元。

（3）引水工程对东山坞水库也是有利的。一方面可以给东山坞水库充水，保证下游 3 716 亩农田的灌溉；另一方面，及时把水引入红旗岗水库，对东山坞水库大坝的安全也是有利的。

（4）引水时间基本上为每年 3—7 月，此时正值梅汛期间，溪水流量大，而引水流量只有 1.0 m³/s，因此对沿溪上下游的生活用水没有不利影响。引水工程有效地调蓄了洪水，对提高球川溪两岸防洪能力也起到了一定的作用。

3. 千家排水库

千家排水库是浙江省境内流向长江鄱阳湖水系信江的唯一一座中型水库。它拦截西去的球川溪水，调入东面的常山港流域灌溉农田，是西水东调工程的骨干工程。工程自 1970 年开工，到 1984 年才全部完工。水库建成以来，取得了较大的工程效益，把鄱阳湖水系与钱塘江水系紧紧连在一起，是比较成功的跨流域调水工程。

3.1 水库概况

千家排水库位于浙江省常山县球川镇球川村，属长江流域鄱阳湖水系信江主流金沙溪的支流——球川溪，水库坝址以上集水面积 27 km²，主流长度为 9.1 km，平均坡降 25.9‰。境内林木茂盛，水土保持良好。

千家排水库是一座以灌溉、防洪为主，结合供水、发电等综合利用的中型水库。灌溉面积 5.73 万亩，防洪保护球川镇 2 万人口，发电装机 0.8 MW，设计供水能力 10 000 t/d，多年平均发电量 172 万 kW·h。

枢纽工程由大坝、溢洪道、发电输水隧洞和水电站组成。

3.1.1 大坝

大坝为黏土心墙堆石坝，坝顶长度为 276.5 m，坝顶采用沥青砼宽度为 6 m，最大坝高为 43 m，最大坝底宽度为 192.5 m。坝顶高程为 221.90 m，防浪墙顶高程为 222.70 m。上游坝坡在高程 210.90 m 和 201.90 m 处各设宽度为 4.2 m 和 3.0 m 的马道，自上而下三级坝坡坡比分别为 1:2.5、1:2.75 和 1:1.5；下游坝坡在高程 210.90 m 和 201.90 m 处各设宽度为 3.6 m 和 3.0 m 的马道，自上而下三级坝坡坡比分别为 1:2.35、1:2.7 和 1:1.5。黏土心墙顶高程为 221.03 m，顶宽为 2.2 m，底高程为 177.90 m，底宽为 26 m，黏土心墙截水槽底宽为 18.00 m。黏土心墙和上下游堆石体之间为砂壤土过渡层，上部上下游坡比分别为 1:1.8 和 1:1.57，下部均为 1:1。上游侧反滤层厚 1.00 m，从内到外由厚 0.40 m 的粗砂、厚 0.30 m 的小砾石、厚 0.30 m 的砾石或卵石组成；下游侧反滤层厚 2.40 m，从内到外由厚 0.80 m 的粗砂、厚 0.80 m 的小砾石、厚 0.80 m 的砾石或卵石组成。坝壳为堆石体，坡面设干砌块石护坡。

3.1.2　溢洪道

溢洪道位于大坝左坝头，为河岸开敞式正槽溢洪道，在左坝肩山体中开挖而成。溢洪道由控制段、泄槽段、消力池和出水渠等组成，总长度为 784 m。溢洪道控制段设曲线型砼实用堰，堰顶高程为 216.60 m，溢流堰长为 30 m，边墙顶高程为 221.90 m。桩号溢 0+000.000 m～溢 0+010.600 m 段为控制段，左边墙顶高程 220.52 m，右边墙顶高程为 220.18 m；桩号溢 0+010.600 m～溢 0+427.800 m 段为泄槽段，长度为 417.20 m，宽度为 14.00 m～28.60 m；桩号溢 0+427.800 m～0+456.800 m 段为消力池段，长 29.00 m，宽 15.76～26.00 m，池深 2.60 m；桩号溢 0+456.800 m～溢 0+778.000 m 段为出水渠段，长 321.20 m，宽度为 13.00～26.00 m。

3.1.3　输水隧洞

输水隧洞位于大坝右岸，由进水口和洞身组成，兼有灌溉、供水、发电三个方面作用。隧洞设塔式进水口，进水口底板高程为 182.40 m，进水塔与山体采用浆砌块石拱桥连接，控制闸门为平板钢闸门，闸门高度为 2.0 m，宽度为 1.88 m。洞身闸门井段为矩形断面，宽度为 1.4 m，高度为 1.8 m，其余为圆形断面，直径为 1.8 m。长度为 183 m。采用钢筋砼衬砌。在出口处有一个叉管，直径 1.8 m，用于电站不发电时放水灌溉，另有供水叉管，管道直径为 0.3 m。

3.1.4　水电站

发电厂房位于灌溉发电输水隧洞下游，装机容量为 0.8 MW，设计发电水头为 39 m，发电流量为 4 m³/s，多年平均发电量为 172 万 kW·h。

3.2　建设过程

工程于 1970 年 6 月开始筹建，同年 10 月动工，1984 年工程竣工。

第一期工程由球川公社负责施工，1971 年 4 月即告结束，大坝完成 8 m 坝高，但施工质量较差。1971 年 8 月，首次成立水库工程指挥部，大坝开始返工，至 1972 年 4 月完工。之后由于政治运动，工程经常处于半停工状态。1978 年 9 月 1 日，开始进行大坝堵口段施工，堵口段于 1979 年 2 月全面完成。1979 年 3 月起，改为长干队施工，大坝工程继续填筑，于 1984 年 12 月完工。期间，屡次修改设计，最后规模为：水库正常蓄水位为 216.60 m，正常库容为 1 604 万 m³，死水位 182.40 m，死库容 11 万 m³，调节库容 1 593 万 m³，设计洪水位 219.25 m（$P=2\%$），校核洪水位 221.03 m（$P=0.01\%$，保坝），水库总库容 2 079 万 m³。工程总投资 696.8 万元。

2008 年 1 月，衢州市水利局组织，对千家排水库进行了安全鉴定审定工作，鉴定千家排水库为三类坝。2008 年 4 月，水利部大坝安全管理中心根据水利部有关规定，组织专家对千家排水库大坝安全鉴定成果进行了认真复核，并以"坝函〔2008〕676 号"下发了《关于金坑岭等六座水库安全鉴定成果的核查意见》，复核认定意见如下。

根据专家组书面和现场核查结果认为：该水库大坝防洪标准虽然满足规范要求，但大坝存在严重安全隐患，不能按设计正常运行。同意三类坝鉴定结论意见。

2008 年 6 月，浙江省水利水电勘测设计院编制完成《浙江省常山县千家排水库除险加固工程初步设计报告》（送审稿）。2008 年 7 月，水利部太湖流域管理局会同浙江省水利厅共同主持召开了《常山县千家排水库除险加固工程初步设计报告》审查会，根据审查意见，设计单位对初步设计报告进行了修改和完善，并编制完成《常山县千家排水库除险加固工程初步设计报告》（报批稿）。2008 年 10 月，浙江省发展和改革委员会以"浙发改设计〔2018〕151 号"下发批复，核定概算总投资为 3 714 万元。除险加固工程于 2009 年 7 月开工，至 2010 年 10 月主体工程完工。2011 年 1 月进行单位工程暨合同完工验收；2012 年 10 月完成竣工验收。

3.3 主要功能分析

3.3.1 灌溉

3.3.1.1 灌区情况

常山县千红灌区即千家排和红旗岗两个水库的灌区，位于常山县西南片，属西南丘陵易旱区。灌区土地总面积 273.3 km²，范围为球川镇、龙绕乡、同弓乡、何家乡、白石镇和天马镇等 6 个乡镇，灌区设计灌溉面积 5.73 万亩（见表 1-7）。千红灌区是常山县最大的灌区。

表 1-7 千红灌区灌溉范围统计表

乡镇名	受益村数	灌溉面积/亩	其中水田/亩
球川镇	15	10 842	8 144
龙绕乡	13	15 471	11 553
同弓乡	14	14 578	9 842
何家乡	5	3 300	1 740

乡镇名	受益村数	灌溉面积/亩	其中水田/亩
白石镇	10	7 738	6 135
天马镇	5	5 371	2 467
合计	62	57 300	39 881

灌区多年平均降水量 1 898.5 mm，主要水系有球川溪（属鄱阳湖水系）和龙绕溪（属常山港流域），千家排水库工程竣工后，球川溪大部分水量从鄱阳湖水系调往钱塘江水系。灌区内现有中型水库 1 座，小（1）型水库 4 座，小（2）型（库容 10 万 m³ 以上）水库 27 座，山塘 45 座，总蓄水库容 3 584 万 m³。形成"长藤结瓜"式的灌溉系统。

千红灌区设计干渠长 58.2 km，其中总干渠 7 km，北干渠 27.8 km，南干渠 23.4 km。已建干渠总长 41.8 km，其中总干渠 7 km，北干渠 27.8 km，南干渠 7 km。已建支渠总长 68.4 km。已建干支渠总长 110.2 km。

总干渠自千家排水库电站尾水池起至红旗岗水库尾端，全长 7 km，工程自 1979 年开始，至 1984 年 10 月全部竣工。北干渠自红旗岗水库电站尾水池至天马镇朱家坞村，全长 27.8 km，工程始于 1983 年，至 1991 年基本完成。南干渠自红旗岗水库电站尾水池至天马镇塔弄水库，全长 23.4 km，并设支渠 I 自南干渠 4+430 处经二级泵站提水向白石镇桃树坞水库充库。工程始于 1993 年，至今仅完成 7 km，还有 16.4 km 未配套。

灌区较大的节水配套改造主要有两次，即浙江省"千万亩十亿方节水工程"和国家农业综合开发灌区节水配套改造工程。

3.3.1.2 浙江省"千万亩十亿方节水工程"常山县千红灌区项目

项目建成后（2008 年），渠系水利用系数 0.65，田间水利用系数 0.97，灌溉水利用系数 0.63。灌区全年 75%保证率可供水量 4 567 万 m³（其中千家排水库供水量 2 500 万 m³，小型水库供水量 1 567 万 m³，地下水供水量 500 万 m³）。灌区全年需水量 4 283 万 m³（其中农业灌溉用水量 2 668 万 m³，农村生活需用水量 850 万 m³，环境用水量 338 万 m³，工业用水量 427 万 m³）。经水量平衡计算，灌区全年余水 284 万 m³。

P=90%保证率可供水量 4 453 万 m³（其中千家排水库供水量 2 386 万 m³，小型水库供水量 1 567 万 m³，地下水供水量 500 万 m³）。灌区全年需水量 4 453 万 m³（其中农业灌溉用水量 2 838 万 m³，农村生活需用水量 850 万 m³，环境用水量 338 万 m³，工业用水量 427 万 m³）。经水量平衡计算，灌区全年

47

余缺水达到平衡。

项目主要建设内容有防渗衬砌渠道 41.533 km（含拆除重建 1.96 km），维修渡槽 14 座 690 m，水闸 24 座，倒虹吸 1 座 150 m，隧洞 3 座 1 511 m，农桥 38 座，修建量水设施 14 处，涵洞 12 处，泵站 4 台 620 kW（见表 1-8）。其中：

千红灌区总干渠及其支渠主要建设内容有防渗衬砌渠道 9.733 km（含拆除重建 340 m），其中干渠 6.233 km、支渠 3.500 km；维修渡槽两座 144 m，水闸 4 座，倒虹吸 1 座 150 m，隧洞 1 座 322 m，农桥 8 座，修建量水设施 5 处。

表 1-8　千红灌区渠道配套统计表

干渠名称	渠道防渗/km	隧洞	渡槽	水闸	农桥	涵洞	机埠
总干渠	9.733	1 处/322 m	2 座/144 m	4 座	8 座	—	—
北干渠	24.800	1 处/46 m	12 座/546 m	15 座	21 座	12 个	—
南干渠	7.000	1 处/1 143 m	—	5 座	9 座	—	4/620 kW
合计	41.533	3 处/1 511 m	14 座/690 m	24 座	38 座	12 个	4/620 kW

北干渠及其支渠主要建设内容有防渗衬砌渠道 24.800 km（含拆除重建 1.62 km），其中干渠 21.500 km、支渠 3.300 km；维修渡槽 12 座 546 m，排洪闸 15 座，涵洞 12 处，隧洞 1 座 46 m，农桥 21 座，修建量水设施 6 处。

南干渠及其支渠主要建设内容有衬砌渠道 7.000 km，其中干渠 6.200 km、支渠 0.800 km；维修排洪闸 5 座，隧洞 1 座 1 143 m，农桥 9 座，修建量水设施 3 处，泵站 4 台 620 kW。

本项目工程概算总投资为 1 447.07 万元，其中建筑工程 1 214.06 万元，机电设备及安装工程 21.12 万元，金属结构设备及安装工程 14.97 万元，临时工程 36.57 万元，独立费用 91.43 万元，基本预备费 68.91 万元。建设资金由省财政资金、县财政配套资金、水管单位和受益乡镇自筹资金等共同组成，其中省财政补助 651.2 万元，县财政配套 578.8 万元，水管单位自筹 72.4 万元，受益乡镇自筹 144.7 万元。

本项目实施总工期为 3 年，2006 年投资 574.6 万元（其中总干渠及其支渠 322.3 万元，北干渠及其支渠 252.3 万元），2007 年投资 585.6 万元（全都是北干渠及其支渠），2008 年投资 286.9 万元（其中北干渠及其支渠 63.1 万元，南干渠及其支渠 223.8 万元）。

本项目实施后，农业增产效益为 417.12 万元，乡镇供水效益 76.56 万元，节水 1 187 万 m³。项目建成后，$P=90\%$ 典型年可供水量 4 453 万 m³，供水成本水价 0.325 元/m³。

3.3.1.3　农业综合开发常山县千红灌区节水配套改造项目

2009 年 3 月编制完成《常山县千红灌区续建配套与节水改造工程规划报告》，同年 4 月常山县人民政府组织专家组对该规划报告进行了审查，并于当月作了批复。2009 年 7 月，编制完成《千红灌区节水配套改造项目可行性研究报告》。2009 年 8 月，国家农业综合开发办公室下发《关于下达 2009 年地方切块内中型灌区节水配套改造项目中央财政投资控制指标及编报项目实施计划的通知》（国农办〔2009〕167 号），同意将常山县千红灌区节水配套改造项目列入 2009 年农业综合开发中型灌区节水配套改造项目计划，核定该项目投资为 2 680.89 万元，其中中央财政资金 1 000 万元（2009 年安排 620 万元，2010 年安排 380 万元）。

本项目以灌区节水改造为中心，加强农业水利基础设施建设，改善农业生产条件。千红灌区缺水主要原因为渠系水利用系数低，中下游农田得不到有效灌溉。本项目从全灌区实际情况出发，选择有较大的控制面积，有可靠的农业灌溉水源保证，土地资源丰富，增产潜力大，效益好，投资少、受益大的区域作为重点建设内容，选定千红总干渠桩号 1＋630 m～5＋130 m 段、千红北干渠桩号 0＋000 m～0＋900 m 和 6＋100 m～22＋980 m 段以及金川弄等 5 条支渠作为本次节水改造配套建设项目的建设内容。

本项目节水改造渠道总长度 34.98 km，其中防渗衬砌总干渠 3.5 km，防渗衬砌干渠 17.78 km，防渗衬砌支渠 5 条共计 10.6 km，改造排水渠 3.1 km；改造水源工程两处，改造渠系建筑物 123 座，建设信息采集系统 4 处，建设工程管护设施 1 处。

本项目分 2 年时间完成，工程自 2009 年 11 月开工，至 2011 年 11 月完工。概算总投资为 2 680.89 万元，征地和环境部分投资不列入本项目投资，由常山县另外安排资金。

项目投资采取国家补助和地方自筹相结合的方式筹措建设资金：申请中央财政资金补助 1 000 万元，省财政资金补助 1 000 万元，省水利专项资金补助 272 万元，常山县财政配套 408.89 万元。

3.3.2　防洪

千家排水库属全国防洪重点中型水库，以灌溉、防洪为主，结合供水、发电等。水库直接保护下游常山县球川镇、江西玉山县双明镇，及保护下游杭金衢高速公路和 320 国道等重要基础设施的防洪安全。

水库调度运行的基本原则是：溢洪道不设闸门控制，水库起调水位216.60 m，水库水位超过正常蓄水位216.60 m 时，溢洪道开始泄洪。

调洪计算成果详见表1-9。

表1-9 调洪计算成果

频率/%	0.01	0.05	0.1	0.2	1	2	5	10	20
入库洪峰/（m³/s）	729	607	554	502	384	344	291	237	184
水库水位/m	220.6	220.11	219.95	219.72	219.22	219.01	218.71	218.44	218.12
水库库容/万 m³	1 987	1 935	1 918	1 895	1 843	1 822	1 792	1 765	1 734
下泄流量/（m³/s）	481	395	368	331	253	223	182	148	109

下游河道球川溪安全泄量为140 m³/s，相当于水库10 年一遇洪水标准经调蓄后的下泄最大流量，削峰率为37.55%。水库防洪高水位为218.44 m，防洪库容161 万 m³；水库校核标准为2000 年一遇洪水，校核洪水位220.11 m，总库容1 935 万 m³，调洪库容331 万 m³。

千家排水库溢洪水量进入球川溪，汇合到信江上游金沙溪。因此，溢洪前预警需通知到江西省玉山县防汛部门。历史最高洪水位217.71 m，相应泄流量约70 m³/s，发生于2011 年6 月19 日。

3.3.3 供水

千家排水库设计供水能力10 000 t/d。千家排水厂一期工程于2004 年建成并供水，主要供水范围为球川、白石两镇居民生活用水，实际年供水量约200 万 t。取水口选在发电输水隧洞出口，采用DN300 压力钢管，属深层取水，水质保证率较低。

水厂二期工程新增净水一体化设备两套，建设400 m³ 高位水池1 座、清水池1 座，加压泵站1 座，铺设供水管道总长9 980 m，工程于2010 年底建成通水。

2014 年，水厂取水口进行改造，选用一体化泵船作为取水构建物，泵船长18.2 m，船宽8.0 m，能始终取用表层水面以下4 m 处的水，该层水水质较好，能满足饮用水要求。供水总人口45 736 人，其中城镇供水人口887 人，农村供水人口44 849 人。年供水量约365 万 t。

3.3.4 发电

千家排水库梯级电站共有四级，总装机容量1 745 kW，多年平均发电量约

286 万 kW·h。一级千家排水电站装机容量 800 kW，属坝后式电站，于 1981 年
1 月投产运行，设计水头 39 m，多年平均发电量 172 万 kW·h。二级白凉亭
电站装机容量 320 kW，位于总干渠上，于 1985 年 2 月投产运行，设计水头 12 m，
多年平均发电量 33.4 万 kW·h。三级金川弄电站装机容量 225 kW，位于总干
渠末端，于 1991 年 5 月投产运行，设计水头 15 m，多年平均发电量 21 万
kW·h。四级红旗岗水电站装机容量 400 kW，属坝后式电站，于 1985 年 3 月投
产运行，设计水头 21 m，多年平均发电量约 60 万 kW·h。

2009 年通过公开竞拍，水电站所有权、使用权转让给私人受让方经营。

千家排水库主要特性指标见表 1—10（除险加固时设计、校核标准有变化）。

表 1—10　千家排水库特性

项目	单位	数量	备注
（1）水文特征			
坝址以上集水面积	km²	27	
主流长度	km	9.1	
河道坡降	‰	25.9	
多年平均降雨量	mm	1 851	
多年平均流量	m³/s	1.05	
100 年设计洪水洪峰流量	m³/s	384	
2000 年校核洪水洪峰流量	m³/s	607	
（2）水库特征			
正常蓄水位	m	216.60	
设计洪水位 $P=1\%$	m	219.22	
校核水位 $P=0.05\%$	m	220.11	
死水位	m	182.40	
正常蓄水库容	万 m³	1 604	
总库容	万 m³	1 935	
调节库容	万 m³	1 593	
死库容	万 m³	11	
（3）拦河大坝			
型式			黏土心墙堆石坝
最大坝高	m	43	
坝顶高程	m	221.90	

项目	单位	数量	备注
防浪墙高	m	1.2	
坝顶宽/坝底宽	m	6/192.5	
坝顶长	m	276.5	
（4）溢洪道			
型式			开敞式溢洪道
堰顶高程	m	216.60	
总净宽	m	30	
最大泄流量	m³/s	395	
（5）发电站（一级千家排）			
装机容量	MW	0.8	2 台
发电水头	m	39	
最大发电流量	m³/s	4	
多年平均发电量	万 kW·h	172	
（6）输水隧洞			
洞长	m	183	
洞径	m	1.8	
进口高程	m	182.40	
出口高程	m	179.63	
衬砌型式			钢筋砼衬砌
（7）防洪			
保护土地	万亩	1.0	
保护人口	万人	2	
（8）灌溉面积			
设计	万亩	5.73	

3.4 工程运行管理机构

1971 年 8 月，成立常山县千家排水库工程指挥部，负责工程的实施。1981 年 8 月，在工程没有竣工、工程指挥部没有撤销的情况下，成立常山县千家排水库管理处，提前进入管理工作，实行一套班子、两块牌子的管理模式。工程基本竣工后，由常山县千家排水库管理处负责大坝工程的管理，主管部门为常山县水利局。2009 年，根据"常政发〔2008〕66 号"文和"常政办发〔2009〕6 号"文，实施水利工程管理体制改革，撤销常山县千家排水库管理处，成立了常山县中型水库管理局，内设千家排水库管理站。根据机构改革，2020 年常山县中型水库管理局更名为常山县中型水库管理中心。

4. 连接长江流域与钱塘江流域的航道

常山港古称金川，是钱塘江主源，自古就是水陆转运、舟车汇集之地，是赣、皖通往沿海主要通道之一，宋室南渡以后，更是两浙连接南方诸省的重要枢纽，繁华一时。古诗曾这样描绘常山港上的盛景："日望金川千张帆，夜见沿岸万盏灯。"在老一辈的常山人心里，常山港上桅杆林立、船只如梭过往的场景，是一段不可磨灭的历史。2001 年，在常山港的阁底段，曾经发现一条宋代沉船，装满来自景德镇的瓷器，这也强力佐证了常山港是一条重要的航运河道。

20 世纪 70 年代以后，由于多方面的原因，航运开始萎缩。现阶段，河道流量少，滩多流急，通航条件差，基本无法通航，为等外航道。

4.1　航道开发的重要性

近几年常山县经济快速发展，大宗货物的运输量增长较快，且浙江省主干航道网正在进行高等级航道网的全面升级，常山港下游的衢江航道为Ⅳ级航道，于 2019 年 1 月 2 日正式通航。2020 年 5 月 18 日，杭衢钱塘江诗路之旅首航式圆满完成，为整体打造千里钱塘江黄金旅游线，为钱塘江诗路文化带串珠成链、连线成网补上了最后一环，填补了杭衢水上游轮产品的空白，打开了杭衢水上旅游的通道，铺开了杭衢一体融合发展的新画卷。沿钱塘江溯流而上，串联起沿线钱塘江、桐君山码头、富春江、严子陵钓台、子胥渡、七里扬帆、龙游石窟、信安湖、南孔古城等著名景区，将沿线杭州、金华、衢州三个地市最珍贵的历史人文资源连成一条风光带。

常山港作为衢江上游的重要航道，可以通过梯级开发，借助衢江航道建成的契机提升等级，与浙江省高等航道网衔接。为了适应浙江省、衢州市经济发展的新形势，抓住发展机遇，发挥常山港航运资源优势，加快常山港航道、港口的建设步伐，强化常山港在衢州、常山县国民经济中的作用，科学有序地开发建设常山港航道，具有十分重要的意义。

常山港航道建成后，与浙北内河航道网连接通达，实现常山港直达上海港、宁波港等国际化大型港口，实现快速通江达海、江海联运的目标，与常山县综合运输体系相协调，形成符合可持续发展战略要求的"绿色"运输方式，为宁波—舟山港提供畅通的内河运输通道打下坚实基础。打造网络畅通、结构合理、系统完善、技术先进、保障有力的现代化内河航运体系。

4.2 常山港航道开发方案

常山港（辉埠—双港口）航电枢纽项目按Ⅳ级航道标准建设，航道建设里程约 51 km，建设天马等 6 座枢纽，建设 6 座船闸，改建桥梁 8 座、设置防撞设施 31 座；新建服务区两处、锚地 6 处，建设信息化及航标等配套工程。

4.2.1 航道工程

本工程航道起自规划的辉埠作业区，终于双港口（三江口），按天然和渠化Ⅳ级航道标准建设，整治里程约 51 km；航道土方疏浚约 375.2 万 m³；新建服务区两处、锚地 6 处，结构设计使用年限 50 年，结构安全等级二级。局部航道岸坡石笼防护 2.3 km；导助航设施及信息化建设里程约 51 km；同时建设相应的环保等工程。

4.2.2 枢纽工程

常山港航运开发工程的河段为辉埠—双港口河段，共分六级开发，分别为白虎滩、天马、阁底、招贤、航埠和黄塘桥枢纽。已有枢纽为天马和航埠水电站，考虑进行重建，另外还需新建白虎滩、阁底、招贤和黄塘桥枢纽。

白虎滩水电站正常蓄水位为 89.50 m，电站装机容量 4.0 MW；天马水电站正常蓄水位为 84.00 m，电站装机容量 4.0 MW；阁底水电站正常蓄水位为 78.50 m，电站装机容量 4.5 MW；招贤水电站正常蓄水位为 73.00 m，电站装机容量 5.5 MW；航埠水电站正常蓄水位为 67.0 m，电站装机容量 4.2 MW；黄塘桥水电站正常蓄水位为 63.00 m，电站装机容量 3.6 MW。

本枢纽工程等别为Ⅲ等。电站为小（2）型电站。主要建筑物：船闸、泄洪闸、电站等为 3 级建筑物；次要建筑物：导墙、护岸等为 4 级建筑物。

4.2.3 船闸工程

根据常山港现状条件、梯级规划布置及坝址上下游水头等情况，结合浙江省航运开发工程建设的经验，各梯级枢纽处通航建筑物的型式均采用船闸。在常山港各梯级处与枢纽结合同步建设Ⅳ级船闸一座，兼顾 1 000 t 级船舶过闸要求，从上游往下游方向依次为白虎滩船闸、天马船闸、阁底船闸、招贤船闸、航埠船闸和黄塘桥船闸。

船闸建设规模根据水运量预测资料确定，考虑到常山港远期与信江沟通、结合常山港下游衢江航道已经建设的船闸情况，船闸建设规模适当留有余地，各船闸主尺度均为：23 m×180 m×4.0 m（闸室有效宽度×有效长度×门槛最小水深）。

4.2.4　工程投资

2020 年 4 月，常山港（辉埠—双港口）航电枢纽项目建议书正式获得浙江省发展和改革委员会批复。各梯级以航为主，航电结合，兼顾灌溉供水、防洪及改善生态环境等综合利用功能。航电枢纽项目航运部分投资估算约 45 亿元，电站泄洪闸部分投资估算约 20 亿元，项目总投资约 65 亿元。

4.3　打通长江流域与钱塘江流域航道

打通长江流域与钱塘江流域水道的浙赣运河，东起浙江省杭州市七堡，西至江西省信江褚溪河口，经钱塘江、兰江、衢江、常山港，在常山县至江西省玉山县段跨越分水岭，经信江过上饶、鹰潭等县市注入鄱阳湖后进长江。按照常山港北线方案，浙赣运河长度为 767 km。浙赣运河直接经济腹地主要为江西的景德镇、鹰潭、上饶以及浙江西部的衢州市及其区县，这些地方经济发展相对欠发达，通过浙赣运河的规划实施，有效沟通长江三角洲等东部地区和江西省等中部地区的联系，能够带动浙赣走廊经济社会的共同发展与进步，促进沿线的产业布局优化、产业结构升级。

随着富春江船闸、兰江航道、衢江航道的相继建成，以及常山港航道前期工作取得的可喜进展，浙赣运河沟通已取得了阶段性的成果。下一步进行常山港与信江水系连通的研究，争取浙赣运河全线通航目标早日实现。

关于常山港与信江水系航道连通，初步设想如下：从钱塘江水系常山港重要支流龙绕溪河口（水位 84.00 m），逆流而上，经红旗岗水库（正常蓄水位 148.00 m）、金川弄水库（正常蓄水位 151.50 m）、东山坞水库（正常蓄水位 153.90 m），跨分水岭至球川溪（高程约 148.00 m），然后进入长江流域信江金沙溪（见图 1－2）。

龙绕溪集水面积 125.6 km^2，多年平均流量 4.73 m^3/s，河口至红旗岗水库段河道长约 30 km。在龙绕溪可选择适当位置修建水库，规模为小（1）型，可缓解由于水量时空分布不均匀的矛盾，有利于合理调配水资源。

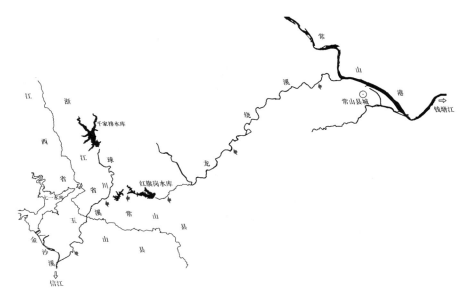

图 1-2　钱塘江与信江水系连通

案例 8 水资源可供水量计算

可供水量与水资源总量并不是同一个概念。可供水量是指在不同水平年、不同保证率的情况下，考虑需水要求，供水工程设施可能提供的水量。也可以定义为在给定的来水条件下，考虑供水对象的需水要求，通过水利工程可以提供的水量。对于蓄水工程，当来水量大于用水量时，多出来的水存在水库里抬高水位，水位达到水库正常蓄水位后多下来的水为弃水，此时的可供水量即为用水量，称"以需定供"；当来水量小于用水量时，不足的水由水库降低水位"释放"出来，降到水库限制水位仍不能满足的水量即为缺水量，可供水量为用水量与缺水量之差，称"以供定需"。

水资源总量是指降水所形成的地表和地下的产水量，即地表径流量（不包括区外来水量）和降水入渗补给量之和。水资源总量并不等于地表水资源量与地下水资源量的简单相加，需扣除两者重复量（原因是水资源量统计有一个时间上的间隔，此间会产生水资源类别的转换）。

针对 2006 年常山县水资源规划中可供水量计算，详述如下。

1. 基准年（2002 年）可供水量计算

截至 2002 年，常山县已建成中小型水库 86 座，其中中型水库两座，小型水库 84 座，另有塘坝 213 座，总蓄水库容为 9 292 万 m^3，其中兴利库容 6 936 万 m^3；提水工程 365 处，引水工程 836 处。

1.1 蓄水工程

根据灌区水量平衡计算法，采用典型年法计算各工程的可供水量，其中中型水库单独进行计算，小（2）型以上小型水库按分区进行计算。典型年统一如下。

$P = 50\%$，1972 年；

$P = 75\%$，1988 年；

$P = 90\%$，1986 年。

库损统一按灌溉用水量的 10%估算。

1.1.1 千家排水库——千红灌区

常山县千红灌区即千家排和红旗岗两个水库的灌区，位于常山县西南片，属西南丘陵易旱区。灌区土地总面积 273.3 km²，范围为球川镇、龙绕乡、同弓乡、何家乡、白石镇和天马镇等 6 个乡镇，灌区设计灌溉面积 5.73 万亩，有效灌溉面积 3.1 万亩。千红灌区是常山县最大的灌区。灌区内现有中型水库 1 座，小（1）型水库 4 座，小（2）型水库 27 座，山塘 45 座，总蓄水库容 3 584 万 m³。

来水过程采用典型年降水量来推求，年雨量用球川站实测资料，选用参证站严村站年降雨径流关系，求得径流过程。根据各典型年作物全生长期的灌溉定额，以作物逐月单位面积的用水量乘以灌溉面积即得灌溉用水过程。灌溉水利用系数取 0.45。

由于千红灌区设计灌溉面积大，千家排水库单独不能解决灌溉用水问题，因此按全部供水用作灌溉用水来计算可灌面积，并求得可供水量。千家排水库可供水量计算成果见表 1-11。

表 1-11　基准年千家排水库可供水量计算成果

典型年	来水量/万 m³	可灌面积/万亩	可供水量/万 m³
1972 年 $P=50\%$	3 140	3.10	2 921
1988 年 $P=75\%$	3 234	2.19	2 514
1986 年 $P=90\%$	2 241	1.60	2 017

1.1.2 狮子口水库

狮子口水库是以灌溉为主，结合发电、养鱼、防洪等综合利用的中型水利工程，水系属钱塘江流域常山港支流虹桥溪中游。控制流域面积 84.43 km²，总库容 1 496 万 m³，正常蓄水库容 866 万 m³，兴利库容 846 万 m³，水库设计灌溉面积 1 万亩，有效灌溉面积 0.79 万亩。

来水过程根据衢州站、长风站和双塔底站实测年径流资料相应的典型年进行推算。由于狮子口水库集雨面积相对较大，灌溉面积相对较小，因此用水过程为灌溉用水量加上相应月份其他部门的用水量之和。狮子口水库可供水量计算成果见表 1-12。

表 1-12 基准年狮子口水库可供水量计算成果

典型年	来水量/万 m³	可灌面积/万亩	可供水量/万 m³
1972 年 $P=50\%$	6 837	1.36	1 296
1988 年 $P=75\%$	8 178	1.36	1 487
1986 年 $P=90\%$	5 897	1.36	1 394

1.1.3 小（2）型以上小型水库

1.1.3.1 Ⅰ区——常山港东北区

常山港东北区共有小（2）型以上小型水库 19 座，总集雨面积 56.39 km²，总蓄水库容 717.3 万 m³，灌溉面积 1.20 万亩，可供水量计算成果见表 1-13。

表 1-13 基准年常山港东北区可供水量计算成果

典型年	来水量/万 m³	可灌面积/万亩	可供水量/万 m³
1972 年 $P=50\%$	4 406	1.20	1 108
1988 年 $P=75\%$	5 270	1.20	1 487
1986 年 $P=90\%$	3 800	1.20	1 394

1.1.3.2 Ⅱ区——常山港河谷区

常山港河谷区共有小（2）型以上小型水库 34 座，总集雨面积 46.90 km²，总蓄水库容 1 226.4 万 m³，灌溉面积 1.90 万亩，可供水量计算成果见表 1-14。

表 1-14 基准年常山港河谷区可供水量计算成果

典型年	来水量/万 m³	可灌面积/万亩	可供水量/万 m³
1972 年 $P=50\%$	3 665	1.90	1 766
1988 年 $P=75\%$	4 383	1.88	2 162
1986 年 $P=90\%$	3 161	1.90	2 327

1.1.3.3 Ⅲ区——常山港西南区

常山港西南区共有小（2）型以上小型水库 28 座，总集雨面积 23.22 km²，总蓄水库容 1 522.2 万 m³，灌溉面积 2.56 万亩，可供水量计算成果见表 1-15。

表 1-15 基准年常山港西南区可供水量计算成果

典型年	来水量/万 m³	可灌面积/万亩	可供水量/万 m³
1972 年 $P=50\%$	2 683	2.56	2 415

典型年	来水量/万 m³	可灌面积/万亩	可供水量/万 m³
1988 年 P=75%	2 781	2.08	2 310
1986 年 P=90%	1 927	1.39	1 739

1.1.3.4 Ⅳ区——信江区

信江区共有小（2）型以上小型水库 3 座，总集雨面积 3.33 km²，总蓄水库容 135.4 万 m³，灌溉面积 0.35 万亩，可供水量计算成果见表 1－16。

表 1－16　基准年常山县信江区可供水量计算成果

典型年	来水量/万 m³	可灌面积/万亩	可供水量/万 m³
1972 年 P=50%	387	0.35	297
1988 年 P=75%	399	0.22	227
1986 年 P=90%	277	0.20	227

1.1.4 塘库

常山县共有塘库 4 492 座，总兴利库容 1 252 万 m³，可供水量采用复蓄系数法进行估算。计算成果见表 1－17。

表 1－17　基准年塘库可供水量计算成果

分区	P=50%		P=75%		P=90%	
	灌溉面积/亩	可供水量/万 m³	灌溉面积/亩	可供水量/万 m³	灌溉面积/亩	可供水量/万 m³
Ⅰ区	0.49	454	0.49	535	0.49	601
Ⅱ区	0.88	817	0.87	1 001	0.88	1 077
Ⅲ区	0.35	521	0.22	498	0.20	488
Ⅳ区	0.16	138	0.10	105	0.09	105
合计	1.88	1 930	1.68	2 139	1.66	2 271

蓄水工程合计可供水量见表 1－18。

表 1－18　常山县蓄水工程基准年可供水量汇总　　　　单位：万 m³

分区名称	P=50%			P=75%			P=90%		
	小型水库	塘库	小计	小型水库	塘库	小计	小型水库	塘库	小计
千家排			2 921			2 514			2 017

分区名称	P = 50%			P = 75%			P = 90%		
	小型水库	塘库	小计	小型水库	塘库	小计	小型水库	塘库	小计
狮子口			1 296			1 487			1 394
Ⅰ区	1 108	454	1 562	1 307	535	1 842	1 467	601	2 068
Ⅱ区	1 766	817	2 583	2 162	1 001	3 163	2 327	1 077	3 404
Ⅲ区	2 415	521	2 936	2 310	498	2 808	1 739	488	2 227
Ⅳ区	297	138	435	227	105	332	227	105	332
合计	5 586	1 930	11 733	6 006	2 139	12 146	5 760	2 271	11 442

1.2 引水工程

计算原则：根据引水渠道的最大过水能力，来推求引水工程的可引水量，当来水量小于和等于引水渠道的最大过水能力时，全引；当来水量大于引水渠道的最大过水能力时，只引用渠道的最大过水流量。可供水量计算参照蓄水工程的"灌区水量平衡法"。引水时间放在 4—10 月。

为避免重复计算，引水工程的可引水量需先扣除上游蓄水工程已计算部分的可供水量。引水工程的可供水量计算成果见表 1–19。

表 1–19　基准年引水工程可供水量计算成果

工程名称	灌溉面积/万亩	可供水量/万 m³		
		P = 50%	P = 75%	P = 90%
合计	3.02	2 090	2 281	2 613

1.3 提水工程

提水时间放在 7—9 月。计算原则参照蓄水工程和引水工程。提水工程的可供水量计算成果见表 1–20。

表 1–20　基准年提水工程可供水量计算成果

工程名称	灌溉面积/万亩	可供水量/万 m³		
		P = 50%	P = 75%	P = 90%
Ⅰ区	0.10	59	64	76
Ⅱ区	1.27	741	882	948

工程名称	灌溉面积/万亩	可供水量/万 m³		
		$P=50\%$	$P=75\%$	$P=90\%$
Ⅲ区	0.18	110	121	138
Ⅳ区	0.01	5	6	7
合 计	1.56	915	1 073	1 169

1.4 城乡供水

2002 年基准年常山县主要水厂有天马水厂、红旗岗水厂和辉埠水厂等。城乡供水用水保证率为 95%，基准年可供水量为 767 万 m³，其中地下水 460 万 m³。

基准年（2002 年）可供水量计算汇总表见表 1-21。

表 1-21　基准年（2002 年）可供水量汇总　　　　单位：万 m³

工程名称	$P=50\%$	$P=75\%$	$P=90\%$
蓄水工程	11 733	12 146	11 442
引水工程	2 090	2 281	2 613
提水工程	915	1 073	1 169
城乡供水	767	767	767
合　　计	15 505	16 267	15 991
其中地下水	460	460	460

2. 近期水平年（2010 年）可供水量预测

根据基准年可供水量计算结果分析，Ⅰ区和Ⅱ区相对来水量多，可供水量少，主要原因是：Ⅰ区缺少水利工程，Ⅱ区灌区配套工程不够。Ⅲ区和Ⅳ区来水已基本利用，但白石片用千家排水库水需经二级提水，成本很高。

根据常山县实际情况，主要规划工程有芙蓉水库、长风北干渠、龙潭水库以及张家弄水库扩建等。2010 年近期水平年主要是大幅度增加Ⅰ区的可供水量，随着芙蓉水库的建成，这将成为可能。

2.1　芙蓉水库可供水量

芙蓉水库位于芙蓉乡修书埂村，在常山港支流芳村溪上游，属钱塘江水系，距常山县城 33 km，是一座以防洪、发电为主，结合灌溉、供水等综合利用的中型水利工程项目。水库总库容 9 580 万 m³，控制流域面积为 126 km²，多年平均年径流量 16 380 万 m³，设计年均发电量 3 731 万 kW·h。该工程于 2002 年 9 月，审查通过《初步设计报告》，2003 年 4 月，水库主体工程开工建设，计划于 2005 年 3 月完工并开始蓄水发电。

芙蓉水库正常蓄水库容 8 135 万 m³，防洪库容 1 362 万 m³，灌溉库容 1 135 万 m³，供水库容 2 269 万 m³，农田灌溉面积 2.19 万亩，供水人口 4.86 万人。可供水量计算成果见表 1-22（不含城区供水）。

表 1-22　近期水平年芙蓉水库可供水量计算成果

典型年	来水量/万 m³	可灌面积/万亩	可供水量/万 m³
1972 年 $P=50\%$	16 508	2.19	2 205
1988 年 $P=75\%$	13 940	2.19	2 569
1986 年 $P=90\%$	10 755	2.19	2 860

2.2　长风北干渠可供水量

长风北干渠灌溉面积 1.56 万亩，受益范围为辉埠镇、何家乡和天马镇，受益人口 1.5 万人，设计引水流量为 2.0 m³/s。该灌区与狮子口水库灌区有机地联成一体，增强了灌溉效能。可供水量计算成果见表 1-23。

表 1-23　长风北干渠可供水量计算成果

典型年	引水流量/（m³/s）	灌溉面积/万亩	可供水量/万 m³
1972 年 $P=50\%$	2.0	1.56	1 450
1988 年 $P=75\%$	2.0	1.56	1 718
1986 年 $P=90\%$	2.0	1.56	1 911

2.3　城乡供水增加可供水量

2010 年，扩建天马、辉埠水厂，红旗岗水厂并入千家排水厂，新建芳村、宋畈、同弓、招贤、白石、大桥、金源水厂，总可供水量 2 695 万 m³，其中地下水 696 万 m³，与基准年相比增加可供水量 1 928 万 m³。见表 1-24。

表 1-24 城乡供水可供水量计算成果

水厂名称	供水规模/（万 t/d）	可供水量/万 m³	增加可供水量/万 m³
天马水厂	6.0	1 685	1 028
千家排水厂	0.5	140	67
芳村水厂	0.4	112	112
宋畈水厂	0.2	56	56
同弓水厂	0.2	56	56
招贤水厂	0.2	56	56
白石水厂	0.2	56	56
大桥水厂	0.2	56	56
金源水厂	0.2	56	56
辉埠水厂	1.5	421	384
合计	9.6	2 695	1 928

2.4 现状工程增加可供水量

（1）狮子口水库灌区种植结构调整，增加了双季稻种植比例，相应增加可供水量。

$P=50\%$，可供水量 1 484 万 m³，增加可供水量 188 万 m³；

$P=75\%$，可供水量 1 687 万 m³，增加可供水量 200 万 m³；

$P=90\%$，可供水量 1 582 万 m³，增加可供水量 188 万 m³。

（2）其他引水工程增加可供水量。

$P=50\%$，增加可供水量 32 万 m³；

$P=75\%$，增加可供水量 38 万 m³；

$P=90\%$，增加可供水量 53 万 m³。

近期水平年（2010 年）可供水量计算汇总见表 1-25。

表 1-25 近期水平年（2010 年）可供水量汇总　　　单位：万 m³

工程名称	$P=50\%$	$P=75\%$	$P=90\%$
蓄水工程	14 126	14 915	14 490

工程名称	$P=50\%$	$P=75\%$	$P=90\%$
引水工程	3 572	4 037	4 577
提水工程	915	1 073	1 169
城乡供水	2 695	2 695	2 695
合计	21 308	22 720	22 931
其中地下水	696	696	696

3. 中期水平年（2020 年）可供水量预测

3.1　龙潭水库可供水量

龙潭水库位于天马镇龙潭村，在常山港支流南门溪上，属钱塘江水系，是一座以供水、防洪为主，结合灌溉、发电等综合利用的中型水利工程项目。水库总库容 1 569 万 m³，控制流域面积为 44.38 km²，控制多年平均年径流量 4 793 万 m³，设计年均发电量 330.74 万 kW·h。该水库于 1997 年编写了《可行性研究报告》，后因资金等原因而停止前期工作。

龙潭水库正常蓄水库容 1 455 万 m³，农田灌溉面积 1.55 万亩，灌区包括天马镇和钳口乡的 27 个行政村，人口 1.89 万人。可供水量计算成果见表 1－26。

表 1－26　中期水平年龙潭水库可供水量计算成果

典型年	来水量/万 m³	可灌面积/万亩	可供水量/万 m³
1972 年 $P=50\%$	4 491	1.55	1 582
1988 年 $P=75\%$	4 931	1.55	1 841
1986 年 $P=90\%$	3 138	1.55	2 059

3.2　城乡供水增加可供水量

2020 年，扩建天马、千家排、芳村、宋畈、同弓、招贤、白石、大桥、金源水厂，总可供水量 3 958 万 m³，其中地下水 1 199 万 m³，与基准年相比增加可供水量 3 192 万 m³。见表 1－27。

表1-27 中期水平年城乡供水可供水量计算成果

水厂名称	供水规模/（万 t/d）	可供水量/万 m³	增加可供水量/万 m³
天马水厂	8.5	2 389	1 732
千家排水厂	1.0	280	208
芳村水厂	0.6	168	168
宋畈水厂	0.4	112	112
同弓水厂	0.4	112	112
招贤水厂	0.5	140	140
白石水厂	0.4	112	112
大桥水厂	0.4	112	112
金源水厂	0.4	112	112
辉埠水厂	1.5	421	384
合计	14.1	3 958	3 192

3.3 狮子口水库增加可供水量

预测中期水平年，狮子口水库灌溉面积扩大至 2.27 万亩，可增加可供水量见表1-28。

表1-28 中期水平年狮子口水库可供水量计算成果

典型年	灌溉面积/万亩	可供水量/万 m³	增加可供水量/万 m³
1972 年 $P=50\%$	2.27	2 598	1 302
1988 年 $P=75\%$	1.25	2 038	551
1986 年 $P=90\%$	1.42	2 289	895

3.4 芙蓉水库增加可供水量

预测中期水平年，芙蓉水库灌溉面积扩大至 2.83 万亩，可增加可供水量见表1-29。

表1-29 中期水平年芙蓉水库增加可供水量计算成果

典型年	灌溉面积/万亩	可供水量/万 m³	增加可供水量/万 m³
1972 年 $P=50\%$	2.83	2 796	2 796

典型年	灌溉面积/万亩	可供水量/万 m³	增加可供水量/万 m³
1988 年 $P=75\%$	2.83	3 266	3 266
1986 年 $P=90\%$	2.83	3 642	3 642

中期水平年（2020 年）可供水量计算汇总见表 1—30。

表 1—30　中期水平年（2020 年）可供水量汇总　　单位：万 m³

工程名称	$P=50\%$	$P=75\%$	$P=90\%$
蓄水工程	17 601	18 004	18 226
引水工程	3 572	4 037	4 577
提水工程	915	1 073	1 169
城乡供水	3 958	3 958	3 958
合　　计	26 046	27 823	27 930
其中地下水	1 199	1 199	1 199

4. 远期水平年（2030 年）可供水量预测

4.1　张家弄水库扩建工程

张家弄水库位于常山县白石镇境内，在常山港支流南门溪上，属钱塘江水系，是一座以灌溉为主的小型水利工程项目。水库始建于 20 世纪 70 年代，现状主坝高 11.5 m，蓄水量 70 万 m³，控制流域面积为 1.53 km²，多年平均年径流量 165 万 m³。该水库扩建工程完成后，主坝高 15.6 m，正常蓄水库容 170 万 m³，水库总库容 184 万 m³。同时，需从流域外引水，引水流量为 1.0 m³/s。

张家弄水库农田灌溉面积 0.68 万亩，灌区包括白石镇的 12 个行政村，人口 0.73 万人。可供水量计算成果见表 1—31。

表 1—31　远期水平年张家弄水库可供水量计算成果

典型年	来水量/万 m³	可灌面积/万亩	可供水量/万 m³
1972 年 $P=50\%$	399	0.35	275
1988 年 $P=75\%$	440	0.30	278
1986 年 $P=90\%$	335	0.28	292

4.2 城乡供水增加可供水量

2030 年，扩建天马、千家排、芳村、招贤、白石水厂，总可供水量 4 998 万 m³，其中地下水 1 241 万 m³，与基准年相比增加可供水量 4 231 万 m³。见表 1–32。

表 1–32 远期水平年城乡供水可供水量计算成果

水厂名称	供水规模/（万 t/d）	可供水量/万 m³	增加可供水量/万 m³
天马水厂	10.5	2 949	2 292
千家排水厂	2.0	562	489
芳村水厂	1.0	281	281
宋畈水厂	0.4	112	112
同弓水厂	0.4	112	112
招贤水厂	0.7	197	197
白石水厂	0.5	140	140
大桥水厂	0.4	112	112
金源水厂	0.4	112	112
辉埠水厂	1.5	421	384
合计	17.8	4 998	4 231

4.3 引水和提水工程增加可供水量

到远期水平年，随着经济和社会的快速发展，需水量将进一步增加，但蓄水工程增加可供水量的可能性已很小，要满足需水要求，只能增加引水和提水工程的可供水量。

4.3.1 引水工程增加可供水量

长风引水工程南北干渠扩大灌溉面积至 5.41 万亩，其中南干渠 3.03 万亩，北干渠 2.38 万亩，可供水量计算成果见表 1–33。

表 1–33 远期水平年长风引水工程可供水量计算成果

典型年	灌溉面积/万亩	可供水量/万 m³	增加可供水量/万 m³
1972 年 $P=50\%$	5.41	4 131	2 458
1988 年 $P=75\%$	5.41	4 425	2 525
1986 年 $P=90\%$	5.41	5 060	2 886

4.3.2　提水工程增加可供水量

设计保证率为 $P=75\%$ 和 $P=90\%$ 枯水年的水量不足部分，由提水工程来解决，需增加提水工程灌溉面积 2.31 万亩，全县总提水工程面积 3.87 万亩。增加可供水量见表 1-34。

表 1-34　远期水平年提水工程增加可供水量计算成果

典型年	灌溉面积/万亩	可供水量/万 m³	增加可供水量/万 m³
1972 年 P=50%	3.87	4 131	1 505
1988 年 P=75%	3.87	4 425	1 921
1986 年 P=90%	3.87	5 060	1 931

远期水平年（2030 年）可供水量计算汇总见表 1-35。

表 1-35　远期水平年（2030 年）可供水量汇总　　单位：万 m³

工程名称	P=50%	P=75%	P=90%
蓄水工程	17 876	18 282	18 518
引水工程	4 580	4 844	5 552
提水工程	2 420	2 994	3 100
城乡供水	4 998	4 998	4 998
合　计	29 874	31 118	32 168
其中地下水	1 241	1 241	1 241

5. 优质供水和一般供水分析

为满足各规划水平年常山县优质需水的要求，特别是城乡居民生活用水，需要由保证程度高、水质优良的水源进行供水。根据各规划水平年可供水量计算成果，常山县域内小（2）型以上水库较多，水量较为丰沛，水质情况较好，可作为优质供水的首选水源。可供优质水量见表 1-36。

表 1-36　常山县可供优质水量汇总　　单位：万 m³

水平年	总可供水量			可供优质水量		
	50%	75%	90%	50%	75%	90%
2002 年	15 505	16 267	15 991	3 560	3 770	3 647
2010 年	21 308	22 720	22 931	10 614	10 781	10 452

水平年	总可供水量			可供优质水量		
	50%	75%	90%	50%	75%	90%
2020 年	26 046	27 823	27 930	14 050	14 582	14 556
2030 年	29 874	31 118	32 168	15 090	15 622	15 596

由表 1-36 可知，到 2030 年可供优质水量在 $P=90\%$ 时达 15 596 万 m^3，而优质需水为 6 657 万 m^3，可见远期水平年可供优质水量完全能够满足常山县优质需水要求。

常山县一般需水的供水水源为水库山塘、河道引水提水和部分地下水。各类水利设施在满足优质供水的前提下，能够为常山县一般用水提供充足的水量，满足一般用水的需求。

案例 9 芳村水电站工程设计

1. 项目概况

芳村水电站位于常山县芳村镇境内,水系属钱塘江流域常山港的主要支流——芳村溪。芳村溪流域是常山县水利资源最丰富的地区,芳村水电站(原名牛角水电站)属芳村溪干流规划梯级开发电站之一,随着上游芙蓉水电站建设的顺利开展,为牛角水电站的报废重建提供了稳定的水能基础。芳村水电站是在芳村溪原牛角水电站对面下游 400 m 处,为重建的水电站。

芳村水电站是一座以发电为主、结合灌溉的小型水电站,装机容量 $2 \times 2\,000$ kW,设计流量 20.5 m^3/s,设计水头 26 m,多年平均发电量 932.8 万 kW·h,年利用小时 2 332 h。水电站发电输入常山县电网,能起一定的调峰作用,有利于缓解电力电量供需矛盾,可提高芳村溪流域水力资源的利用率,带动地方社会经济发展。芳村水电站的建设还对美化当地的环境起到一定的作用。

工程主要建筑物由拦河堰、引水建筑物、厂房、升压站、尾水渠、防洪堤等组成。拦河堰坝利用现溪东大坝,为宽顶堰,堰高 3.5 m,堰顶长 60 m,堰顶高程 137.30 m。引水建筑物包括进水口、引水渠道、引水隧洞、压力前池、压力钢管及附属建筑物。

2. 设计过程

2004 年 1 月,常山县水利水电勘测设计所编制完成《常山县芳村水电站工程项目建议书》。

2004 年 6 月,衢州市水利水电勘测设计有限公司编制完成《常山县芳村水电站可行性研究报告》。2004 年 12 月,衢州市发展计划委员会以"衢市计基〔2004〕393 号"文下达了"关于《常山县芳村水电站可行性研究报告》的批复"。

参照《小型水电站初步设计报告编制规程》SL/T 179—1996 和可研审查意见,衢州市水利水电勘测设计有限公司编制完成《常山县芳村水电站初步设计报告》。2005 年 6 月,衢州市发展计划委员会以"衢市计基〔2005〕140 号"

文下达了"关于常山县芳村水电站初步设计的批复",工程概算总投资 2 828 万元。

3. 水文计算

芳村水电站位于常山港支流——芳村溪上,坝址以上集水面积 146.3 km²,主流长 27.9 km。芳村溪上游有两源,东源称东源溪(主源),源出新桥乡与淳安县界上的昌湾尖等地;西源称芙蓉溪,发源芙蓉岭;两源在芙蓉口汇流向南,经芳村镇、大桥头乡,在招贤镇象湖村浦口汇入常山港。芳村溪集水面积 354 km²,河道平均坡度 5.7‰,年平均流量 13.16 m³/s,是常山县境内常山港上的最大支流,河流湍急,是典型的山区性河流。

设计流域地处亚热带季风气候区,温暖湿润,四季分明,降水丰沛,光照充足。

工程所在地无实测径流资料,采用芙蓉溪上在建的芙蓉水库水文计算成果,通过水文比拟法进行推算。

本流域多年平均降雨量为 1 920.5 mm,多年平均流量为 6.025 m³/s,多年平均径流总量为 1.900 亿 m³。

本流域发生较大洪水次数频繁,主要成因是大面积梅雨,降水历时长,总量大,降水在山溪性河流易形成洪水,且峰高量大,一般历时短,但其造成的损失较大。

本工程设计洪水采用芙蓉水库与区间洪水叠加而成。

芙蓉水库大坝以上控制集雨面积 126 km²,溪东大坝以上控制集雨面积 146.3 km²,芙蓉水库坝址—溪东大坝之间集雨面积为 20.3 km²。

区间暴雨资料采用芳村雨量站 1961—2003 年共 43 年实测资料进行分析计算,以点雨量代替面雨量。各设计频率最大一日暴雨乘以 1.13 即为相应频率的最大 24 h 雨量。设计雨型按三日暴雨过程设计,日程排列采用《浙江省可能最大暴雨图集》中排列规则,雨峰排列在第 21 时,各日时程排列均相同。

洪峰流量采用浙江省推理公式计算。

将各相应频率的区间洪水加上经调节后芙蓉水库(坝址)洪水,就可得到芳村水电站坝址处的设计洪水。

厂址处控制集雨面积 151.4 km²,相应设计洪水根据坝址处设计洪水同频率放大得到。

经计算,本流域(坝址)设计洪峰流量($P=5\%$)为 496 m³/s,校核洪峰流量（$P=1\%$）为 745 m^3/s。厂址设计洪峰流量（$P=5\%$）为 513 m^3/s，校核洪峰流量（$P=2\%$）为 720 m^3/s。

4. 重建扩容

根据浙江省水利水电勘测设计院编写的《浙江省常山县水电开发规划报告》（2003.12），芳村水电站（即牛角水电站）属芳村溪干流水电梯级开发推荐电站。规划装机 3×800 kW，发电尾水位 113.50 m。

牛角水电站于 1971 年 7 月建成发电，装机容量 640 kW，1979 年 3 月经扩建后，总装机容量 960 kW（3×320 kW），设计水头 22 m，流量 5.5 m^3/s。2003 年 8 月，经公开拍卖，资产转让过户手续，成立了具有独立法人资格的常山县牛角水电站。

根据现场踏勘及实测地形图，发电尾水位可降低。由于发电尾水位降低将影响下游洁湖水电站的效益，业主得到了常山县人民政府的同意，因此确定发电尾水位为 109.70 m，比规划增加水头 3.80 m，装机增加到 $2\times2\,000$ kW。

芳村水电站装机容量 $2\times2\,000$ kW，设计流量 20.5 m^3/s，设计水头 26 m，多年平均发电量 932.8 万 kW·h，年利用小时 2 332 h。

水电站重建扩容后，总装机容量从 960 kW 增加到 4 000 kW，多年平均发电量从 340 万 kW·h 增加到 932.8 万 kW·h。

5. 县内最大的无压引水隧洞

芳村水电站为引水式水电站。引水明渠总长 2 102 m，设计流量 20.5 m^3/s，加大流量 22 m^3/s，分成两种断面形式，分别采用矩形或半梯形断面，其中矩形断面渠道长 1 502 m，梯形断面渠道长 600 m。

引水渠道末设压力前池，前池平面面积约 750 m^2，设计正常水位 135.20 m，前池最高水位 135.60 m，挡墙采用 C10 砼灌砌块石砌筑，迎水面采用 C20W2 砼防渗面板衬护。

无压引水隧洞全长 780 m，断面为城门洞形，最大开挖高度 4.85 m，最大开挖宽度 4.50 m，设计过水流量 22.0 m^3/s，设计流速为 2.0 m/s。是常山县内最大的无压引水隧洞。引水隧洞进口底高程为 133.18 m，出口底高程为 132.14 m，隧洞纵坡降为 1:750。引水隧洞衬砌长度为 156 m，衬砌厚度为 30 cm。衬砌采用砼全断面衬砌，局部采用钢筋砼衬砌。引水隧洞进口设拦污栅。

6. 其他建筑物

压力钢管采用单独供水方式，单根钢管长 35 m，总长 70 m，钢管内径为 2.2 m，管壁厚度 8 mm，钢管设计流速为 2.89 m/s。通过计算，弃荷时最大水击压力相对增加值 $\xi_1 = 0.174$，小于允许值 0.50；增荷时，最大水击压力相对降低值 $\xi_1 = 0.16$，水击压力降低值 4.16 m，压力大于 2 m。调节保证计算满足要求。

电站厂房位于原牛角电站对面下游约 50 m 处，主厂房长 16.99 m，宽 8.24 m，副厂房长 8.24 m，宽 7.50 m，厂房内布置 2 台 ZDJP502 - LH - 120 水轮机，配 SF2000 - 12/2150 发电机。厂房设三层，自下而上分别为蜗壳层、水轮机层、发电机层。蜗壳底板高程为 107.805 m，尾水底板高程为 105.80 m，水轮机层地面高程为 110.08 m，水轮机安装高程为 108.836 m，发电机层高程为 114.50 m。尾水管出口设检修闸门，检修平台顶高程为 110.60 m，检修平台长 13.0 m，宽 3.0 m。

升压站位于厂房右后侧，和厂房呈直角布置，布置 1 台升压变，升压变型号为 S9 - 5000/38.50，升压站长 11.0 m，宽 6 m。

尾水渠总长 102.1 m，主要包括消力池、倒坡段、渐变段、出水段。尾水渠消力池长 9.08 m，宽 11.46 m，消力池底高程 106.80 m，采用矩形断面，两侧挡墙采用 M7.5 砌石砌筑。倒坡段长 9.25 m，净宽 11.46 m，两侧挡墙采用 M7.5 砌石砌筑。渐变段长 10 m，在渐变段内将矩形断面挡墙渐变为梯形护坡断面。出口渠段长 70.85 m，为梯形砌石护坡断面，断面底宽 10.50 m，两侧边坡为 1:1.5。尾水渠挡墙采用 M7.5 砌石，底板采用 C15 砼现浇，尾水渠底板高程为 107.85 m，挡墙顶高程在 115.00～112.50 m。尾水注入芳村溪。

尾水渠通过芳村溪河道疏浚，正常尾水位降低至 109.00 m。同时在尾水渠出口的主河道上游侧，设置一道拦砂坝。

第二章

建设管理

基层水利建设项目目前以大坝除险加固、河道治理等为主。大坝除险加固中，防渗处理是重中之重。

　　大坝防渗，包括坝体防渗、坝基防渗及绕坝防渗。

　　对于坝高小于 20 m 的土石坝坝体防渗处理，宜优先采用套井回填黏土方案，此方案相对于黏土斜墙、低弹模砼防渗墙等常用方案，具有防渗效果好、施工方法简单、操作方便、工效高、造价低等显著优点。但对于坝基处理不彻底或地质条件复杂的大坝，比如存在砂砾石夹层、黏土中碎石含量较大、存在漂石等，有时会有塌孔、不能很好与坝基基岩衔接甚至难以成孔的问题，在实践中需要调整设计方案。此法适用于水上施工，对水下或浸润线以下施工相对困难，需要放空库水。

　　坝基防渗处理，则多用帷幕灌浆处理方案。

　　有的绕坝防渗问题，则需要采用综合处理方案。

案例 10 狮子口水库除险加固

对于集雨面积较大而库容相对较小的狮子口水库，在溢洪道设置泄洪闸，可以保证在工程规模不变、洪水位不提高的情况下，增加兴利库容，充分发挥工程效益；对于已运行 50 年左右的土坝，在坝基防渗处理时，要特别注意砂砾石夹层的处理，套井往往难成孔，可采用帷幕灌浆处理，达到良好效果；水库山清水秀，是生态环境的佳地，除险加固应注重环境生态效应。

1. 基本情况

狮子口水库坝址位于浙江省常山县紫港街道狮子口村，水系属钱塘江流域常山港支流虹桥溪，坝址以上集水面积为 84.43 km²，是一座以灌溉为主，结合防洪、发电、水产养殖等综合利用的中型水库。水库主体工程由主坝、副坝、正常溢洪道、非常溢洪道、输水洞、发电厂等组成。

水库于 1957 年开工兴建，1958 年底投入运行。限于当时施工条件和技术力量，工程留下了许多隐患。虽经历次处理，效果欠佳。2004 年水库开展大坝安全鉴定工作，2006 年 5 月，水利部大坝安全管理中心核查大坝安全鉴定成果，狮子口水库为三类坝，接着开展除险加固设计工作。2007 年 5 月，经水利部太湖流域管理局复核，由浙江省发展和改革委员会批复除险加固工程初步设计，概算投资 4 800 万元。2009 年除险加固主体工程完工，2010 年 6 月通过浙江省水利厅组织的蓄水验收，2012 年 6 月完成竣工验收工作。

2. 除险加固主要内容

2.1 大坝

主坝为黏土心墙砂壳坝，最大坝高 16.8 m，防渗加固采用黏土套井回填处理，坝基和两岸坝肩岩体进行帷幕灌浆处理。迎水坡、背水坡护坡进行更新改造，增设下游排水棱体。

副坝坝高 6.9 m，坝体较单薄，采用黏土斜墙防渗加固方案。迎水坡、背水坡护坡进行更新改造，增设下游贴坡排水。

2.2 溢洪道

正常溢洪道为侧槽式,采用加固堰、闸结合的改建方案,拆除原堰体,加高、加固溢流堰,对侧槽和泄槽进行衬砌;在侧堰右端设 3 孔泄洪闸。

非常溢洪道启用标准为 100 年一遇洪水。加固改建措施采用拆除大部分原浆砌块石堰体,重新浇筑砼溢流堰,堰型采用实用堰。

3. 几点体会

狮子口水库除险加固工程完工已有 10 年,实践证明工程效益明显,技术问题处理合理,2018 年 12 月经大坝安全鉴定,为一类坝。回顾总结,主要有以下几点体会。

3.1 适当提高蓄水位,工程效益明显

狮子口水库原正常蓄水位 101.80 m,相应库容 866 万 m³,总库容 1 496 万 m³。根据水库集水面积较大,运行中弃水量和弃水次数较多的特点,水库除险加固设计,在不提高坝顶高程和洪水位、工程规模不变,不增加库区淹没、土地征用,无新增人口迁移、房屋拆迁等前提下,增加 3 孔泄洪闸,使水库正常蓄水位提高了 1 m,从 101.80 m 提高到 102.80 m(相应库容 1 030 万 m³),兴利库容增加 164 万 m³(增加 19.4%);总库容为 1 518 万 m³。

将正常溢洪道溢流堰分为两段,左堰坝段 77 m 仍为开敞式侧堰,堰顶高程由 101.80 m 抬高至 102.80 m,右堰坝段设 3 孔闸门,闸底板高程为 100.00 m,闸孔净宽为 5 m,闸门顶高程为 103.10 m,闸门高 3.1 m,采用平面钢闸门。

水库原征地移民标准为:土地按 5 年一遇洪水位 103.30 m,人口、房屋按 20 年一遇洪水位 104.30 m。除险加固后相应洪水位为 5 年一遇洪水位 103.23 m,20 年一遇洪水位 103.92 m,均比原来相应洪水位低。

水库正常蓄水位提高 1 m,相应兴利库容增加 164 万 m³,相当于增加了 1 座小(1)型水库。大大提高了下游 1.05 万亩农田的灌溉保证率,增加粮食产量,年平均灌溉效益 68 万元。50 年一遇设计洪水标准时,洪峰流量削减率从原来的 12% 提高到 23%。水库电站总装机容量 1 000 kW,统计除险加固前 1999—2008 年平均发电量,和除险加固后 2009—2018 年平均发电量,年发电量增加 75 万 kW·h,增加收入约 32 万元。水产养殖面积从 1 500 亩,提高到 1 688 亩,增加了 12.53%。工程效益十分明显。

3.2　与周边环境融合，提高生态效益

水库山清水秀，是生态环境的佳地，除险加固应注重环境生态效应。狮子口水库除险加固注重坝体与周边环境的协调，坝顶采用沥青路面，防浪墙采用带护手的封闭式弧形钢筋砼墙，并设置景观灯；迎水坡采用砼正六边形预制块护砌，背水坡采用条石方格草皮护砌。大坝管理范围全部进行环境绿化。

2017 年 11 月 11 日，在挪威于尔维克市召开的国际慢城联盟总部协调委员会会议上，常山县正式跻身国际慢城联盟成员，成为中国第七个国际慢城。常山"国际慢城"规划范围 33 km^2，"国际慢城"建设紧密对接国际慢城核心理念，欲将其打造为慢文化无缝零空隙的空间结构，强调多层次、多方位、多维度、多角度、全时空的构建策略。打造"无处不慢、无时不慢"的整体感受，使其成为"慢文化"全要素集聚地、"慢生活"全天候体验地、"慢休闲"全空间展示地、"慢精神"全角度实践地。其规划空间发展格局——三片两路、一谷一湾两园、五村多点，也紧紧围绕三衢湖（即狮子口水库）。

狮子口水库是国际慢城的生态核心区。三衢湖"慢旅"片区以商务会议休闲度假第二居所为主要功能，发展庄园经济。通景公路工程是国际慢城的一条主干道，贯通国际慢城规划区，包括通景公路 K 线、环湖 H 线、环湖支线，全长 17.774 km。还有三衢湖绿岛仙居、三衢湖山地探险公园等，把水库的山水风光与景区有机地结合起来，达到人与自然和谐共存，打响"何处心安，慢城常山"区域形象品牌。

3.3　用套井回填防渗，仍是低坝首选

对于低坝，最大坝高在 20 m 以下的土坝坝体防渗，宜选择黏土套井回填处理方案。套井回填黏土防渗相对于黏土斜墙来说工程量小、土料省；相对于砼防渗墙来说施工简单、技术要求低、投资省、施工期短，并且可以在施工中与坝体隐患勘测相结合，由于回填料为黏土，能适应坝体变形。

狮子口水库除险加固，根据实际情况，大坝坝体防渗采用套井回填黏土方案，既方便施工，又节省工程造价。套井回填黏土方案与低弹模砼防渗墙相比，可省工程造价 50% 以上。

3.4　坝基黏土圆砾层，需要慎重处理

对于 20 世纪五六十年代修建的土坝，由于受各种条件限制，在堵口段往往为了赶工期而清基不到位，留下第四系冲洪积透水的砂砾石层（含黏土圆砾层），套井时难以成孔，需慎重处理。

狮子口水库除险加固，主坝防渗加固设计采用两排套井回填黏土处理方案，原堵口段增设一排；坝基和两岸坝肩岩体进行帷幕灌浆处理。

施工时，先进行套井回填试验，分别在堵口段（桩号 0+206.61）和非堵口段（桩号 0+047）打试验孔。其中堵口段 0+206.6 打孔至深 12.2 m（▽93.90）出现渗水情况，到深 12.5 m（▽93.60）开始塌方，井内积水 0.5 m 左右，采用生石灰与黏土混合后回填夯实护壁，并重新造孔至深 13.2 m（▽92.90）渗水较大且塌孔，再次采用生石灰加黏土回填夯实护壁；如此反复多次造孔、护壁，造孔直至深 15.1 m（▽91.00），由于渗水太大无法进行护壁，停止施工，全孔回填夯实至孔口。期间库水位为 93.35～93.53 m。

经分析，认为坝基有厚度不等的含黏土圆砾层，对含黏土圆砾层的分布、厚度和透水性估计不足。该含黏土圆砾层为强透水，且与上游库水连通，一旦套井冲抓孔进入含黏土圆层，承压水迅速上涌，井内水位与上游水库水位基本持平，造成原设计考虑作为第一排临时幕墙的套井底部出现塌孔，无法成孔，达不到设计要求（伸入坝基基岩）。

设计变更方案对坝基含黏土圆砾层进行帷幕灌浆，并对套井底部和帷幕之间的防渗土层进行劈裂灌浆。劈裂灌浆仅在渗透系数 $>1×10^{-5}$ cm/s 才采用，如套井底部和帷幕之间心墙土的渗透系数 $≤1×10^{-5}$ cm/s，则取消劈裂灌浆。套井底部高程由原设计伸入基岩 0.5 m，调整为含黏土圆砾层顶面 0.5～0.8 m。

帷幕灌浆检查标准按透水率控制，其采用标准如下：含黏土圆砾层透水率 $q≤10$ Lu，基岩透水率 $q≤5$ Lu，帷幕有效厚度不小于 2.0 m。灌浆压力由计算确定，由于心墙底部土质较差，接触段灌浆应根据先导孔试验情况确定合适灌浆压力，一般采用计算灌浆压力的 0.8 倍。经过Ⅰ、Ⅱ序的施工，Ⅲ序孔的灌浆压力可适当提高一些，以有利于浆液的扩散，确保灌浆质量。

劈裂灌浆材料采用水泥黏土浆，浆液比例水泥:黏土=1:5。劈裂灌浆中心线与帷幕中心线一致，孔距采用 2.0 m，劈裂灌浆在帷幕灌浆后实施，灌浆范围为含黏土圆砾层以上 2 m，灌浆段长 2 m。劈开压力：劈灌时泥浆先稀后浓，即先用经稀释的泥浆开灌，当压力表升至一定峰值后，压力回落，表明坝体已

经劈开，然后用设计容重 1.5 g/cm^3 水泥黏土浆进行劈灌，灌浆时以进浆量控制灌浆速度。

　　通过实践，在含黏土圆砾层中采用水泥灌浆，有效解决了坝基含黏土圆砾层中因套井塌孔而难以施工的防渗问题。经渗流监测资料回归分析，大坝防渗体防渗效果较好，坝体渗流状态稳定，不存在明显的绕坝渗流现象，大坝安全性态基本稳定。

案例 11 林畈坞大坝坝基渗漏处理

灰岩地区的大坝，如果渗漏严重，影响蓄水，应警惕存在溶洞而引起的渗漏，地质勘探由于钻孔数量往往不多，不一定能发现；库内的溶蚀带也许已形成渗漏通道，需要开挖清理才能发现。

1. 基本情况

常山县辉埠镇林畈坞水库建于 1960 年 12 月，坝型为黏土心墙坝，坝高 9.9 m（心墙底部至坝顶），坝址以上集雨面积 0.72 km²，总库容 19 万 m³，属小（2）型水库。水库以灌溉为主，兼顾防洪、养殖等，灌溉面积 400 亩，是乡村重要的灌溉工程。由于受客观条件限制，建设时经济基础薄弱，以"民办公助"的形式筹建，施工质量差，设施配套不到位，经多年运行，渗水严重，成为病险水库，不能正常蓄水。

2. 历年加固

由于渗漏问题悬而未决，大坝几次出现塌陷、塌孔。2002 年，大坝进行除险加固，主要防渗内容为：坝体采用土工膜防渗方案，在上游坝坡自基层至顶层，依次为土工膜、100 cm 厚黏土、30 cm 厚砂石垫层、35 cm 厚干砌块石护坡。加上泄水建筑物、放水建筑物等加固，工程投资约 20 万元。

采用土工膜防渗方案，当时属于土石坝防渗处理推荐技术方案。但限于当时设计施工技术水平及财力等各种因素，土工膜施工未延伸到上游坝脚，且土工膜接缝不好，破损较严重，重要的是大坝及附近基岩溶岩裂隙渗漏未进行处理，因此渗漏问题仍然未解决。

3. 坝基防渗

根据地质勘探资料表明：坝基基岩为深灰、灰黑色层状泥质灰岩、炭质灰岩，大坝左坝肩脚、右坝肩脚溶岩裂隙发育，存在较严重的坝基渗漏及绕坝渗漏问题。河床段心墙截水槽底高程为 132.30 m，比强风化炭质灰岩基岩面（127.40 m）高 4.9 m，其中黏质粉土层 2.4 m、泥质圆砾层 2.5 m。坝轴线上左坝头 Z3 钻孔，在强风化炭质灰岩层揭露有岩溶溶洞，高程位于 130.60～130.80 m（基岩面下 2.3～2.5 m）。

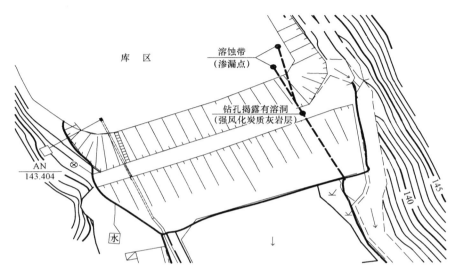

图 2-1　林畈坞水库渗漏通道

2014 年大坝再次进行除险加固，坝体防渗采用套井回填黏土方案，套井底部要求深入强风化基岩 0.5 m；坝基基岩防渗采用帷幕灌浆，孔距 2 m，遇到岩溶裂隙带灌浆孔进行加密。坝体与坝基基岩形成一道完整的防渗屏障。整个除险加固工程设计概算总投资 338 万元。

帷幕灌浆采用逐步加密灌浆孔的方法进行灌浆，分三序孔进行：先灌Ⅰ序孔，间距为 8 m；再在两孔之间钻孔检查其灌浆效果，如达不到效果，再灌Ⅱ序孔，间距加密至 4 m；同理，再灌Ⅲ序孔，间距加密至 2 m。灌浆控制指标通过压水试验分析，要求透水率不大于 10 Lu。

对于坝基帷幕轴线上的岩溶裂隙灌浆，首先采用水泥灌浆，水泥强度采用 42.5 MPa，灌浆的水泥浆液由稀逐渐变浓，水灰比分别为 2:1、1:1、0.8:1（重量比）三级。持续灌注吸浆量仍不减小，则在水泥浆中掺含清水砾砂进行灌浆。

对于库区内位于大坝附近的渗漏点，通过开挖冲洗揭露出多处溶蚀带，对表面进行清理，采用细石砼进行堵头处理，并预埋灌浆管和通气管，进行灌浆。灌浆方法与坝基帷幕灌浆基本相同，实际灌浆时，由于吸浆量很大，因此灌浆材料改为水泥砂浆,并在浆液中加入速凝剂。时间上适当放缓,采用间歇灌浆法,灌注一段时间暂停,待初凝后再继续灌浆。在下游坝脚可见灌浆液流出,说明原已形成渗漏通道。如此处理,效果显著。

通过库内渗漏点和坝基溶洞处理,50 多年来的渗漏问题终于得到比较圆满的解决,水库能得以正常蓄水,发挥其工程效益。

案例 12　亚叉坞大坝坝体防渗处理

小型水利工程由于规模小，技术简单，往往不进行地质勘探工作，而施工资料又缺乏，易造成设计方案缺陷。

1. 基本情况

亚叉坞大坝属均质土坝，为屋顶山塘，建于 1958 年，坝址以上集雨面积 0.16 km²，总容积 3.2 万 m³，坝高 8.9 m（建基面至坝顶），坝顶高程 110.04～110.11 m，是下游大桥头乡新村 140 亩农田的主要灌溉水源。由于大坝渗水严重，严重影响山塘灌溉功能。2012 年，对大坝进行了防渗处理，概算总投资 51 万元，坝体采用套井回填黏土方案，套井底要求深入岩基强风化层 0.5 m。

之后几年，大坝渗水有所好转。但 2018 年起，下游坝脚渗水有增大现象，已严重影响蓄水。在库水位放空至死水位时，仍有渗水。

2. 原因分析

鉴于原来防渗处理时未进行地质勘察，坝基情况不明，因此补充了地质勘察工作。从勘察情况看，原套井回填并未深入岩基强风化层，最大深度仅 6.7 m，套井底部（高程 103.34～104.91 m）离基岩面还有 5.9～7.0 m，包含三层：（1）坝体土含碎石粉质黏土层 2.2～3.6 m；（2）坝基土淤泥质粉质黏土层 1.9～2.5 m；（3）坝基土泥质砾砂层 1.2～1.5 m。主河床基岩高程在 97.44～97.91 m，低于放空死水位 104.50 m。

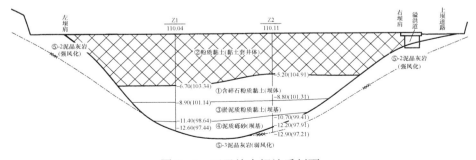

图 2-2　亚叉坞大坝地质剖面

通过地质勘察，渗漏原因显而易见，原套井回填底部至基岩间是渗漏通道，根据现场注水试验可知，其渗透系数在 $7.31 \times 10^{-4} \sim 3.19 \times 10^{-4}$ cm/s，大于均质土坝规范要求（$\leqslant 1 \times 10^{-4}$ cm/s）。

3. 防渗处理

大坝坝体防渗处理仍采用套井回填黏土方案，但最大深度达到 13.1 m，要求深入岩基 0.5 m。回填前需由经验丰富的地质人员鉴定后，才能进行黏土回填，确保施工质量。

基岩弱风化泥晶灰岩根据现场压水试验可知，透水率小于 10 Lu，不进行防渗处理。

案例13　常山港治理二十年

常山港是常山县的母亲河，根治常山港，始于1998年，从城市防洪工程，到独流入海治理一期工程，再到常山港治理二期工程，整整二十年，见证了社会的发展，时代的变迁，河道治理理念的升华。"宋诗之河"成为一张响亮的金名片。

1. 基本情况

常山县地处浙西边陲，国土面积1 099 km²，人口约33万，现下辖6个镇、5个乡、3个街道、180个行政村，人口34.5万人，2018年实现国内生产总值140.42亿元。常山县河道众多，水系密布，主要水系为常山港及其支流，属钱塘江之源；另有球川溪，属鄱阳湖信江水系。常山县河流属山区性河流，源短流急，河床比降大，水量充沛，年内洪枯变化大，洪水暴涨暴落。

常山港县境以上流域面积3 176 km²，主流马金溪源于安徽省休宁县龙田乡江田村（青芝埭尖北坡），流至开化县华埠镇与池淮溪汇合后称为常山港，向南转东，在柯城区双港口与江山港汇合后称衢江。常山港在常山县境内总长46.6 km，主要支流有芳村溪、虹桥溪、南门溪和龙绕溪等。常山港流域属亚热带季风气候区，冬夏季风交替显著，四季分明，日照充足，雨量丰沛，但降雨时空分布不均，主要集中在每年4—7月的梅汛期，容易出现连续暴雨、大暴雨，历来洪涝灾害频繁发生。根治常山港，始于1998年，从城市防洪工程，到独流入海治理一期工程，再到常山港治理二期工程，整整二十年，主要分为三个阶段：一、以防洪保安全为主的城市防洪工程（钱塘江三级干堤加固工程）；二、配合城市发展而延伸的独流入海治理一期工程；三、迈向小康、融入文化元素的常山港治理二期工程。

2. 城市防洪工程——防洪保安全

2.1 惨痛经历

1998年7月23日，一场罕见的大洪水席卷了常山大地，全县受灾人口达到 21 万，被洪水围困的群众 9.5 万人，倒塌农房 5 540 间，其中有一个自然村 60%的民房倒塌；全县农田受淹面积 21.13 万亩，粮食损失 2.4 万 t；有 8 个乡镇政府所在地进水受淹，18 个乡镇停电数日，损坏变压器 24 台。水利设施毁坏严重，有 3 个水电站被淹，145 个电灌机埠被淹，冲毁渠道超过 70 km、堰坝 572 处、防洪堤 24 km、机耕路 78 km、桥涵 156 个，山体滑坡 72 处；公路上有 4 000 多辆汽车被洪水围困。直接经济损失 4.10 亿元。县城 4/5 地段进水，交通瘫痪，通信、电力、供水、广播、电视设施严重受损，全城停水停电，主要道路、住宅区、商场、工厂等受淹深度 2～3 m，最深处达 5 m。据观测分析，常山县城断面处洪峰流量为 6 070 m³/s，达到 20 年一遇洪水标准。

残酷的现实，使这座不设防县城烙下了沉痛的记忆。洪灾造成的重大损失，严重制约着社会和经济的发展，建设城市防洪工程迫在眉睫，刻不容缓。县人民政府根据县党代会、人代会的决议，当年就确定兴建天马镇城市防洪工程，一场防洪保安全的战斗打响了。

2.2 建设前期

《常山县天马镇城市防洪规划》由常山县水利水电勘测设计所编制，经原衢州市水利水电局初审、浙江省水利厅复审，由常山县人民政府批准。常山县天马镇城市防洪工程项目建议书由原浙江省计划与经济委员会批复；扩大初步设计由原衢州市水利水电局批复。列入钱塘江干堤加固 3 级干堤工程后，初步设计由浙江省水利厅批复。

常山县城市防洪工程设计洪水标准，近期按 20 年一遇，远期结合常山港流域综合治理，通过上游兴建大型水库后达到 50 年一遇洪水标准。主要建设内容为兴建防洪堤 14.1 km，河道整治 5.9 km，排洪闸 1 座，形成城中、城南、城北三大块防洪保护闭合圈，防洪堤断面形式采用重力式、复合式和斜坡式三种，概算总投资 1.08 亿元。

城防规划常山港右岸防洪堤，起点位于县城北门原新、老 205 国道线交汇处（即北门樟树底），末端位于富足山大桥；左岸起点位于枧头村原渡口以上处，末端至富足山大桥。控制堤距按河底宽不小于 210 m，常山大桥阻水较严重，需增设 30 m 桥孔。南门溪防洪堤上自金川堰坝，下至南门溪出口，控制堤距按河底宽不小于 50 m。蒲塘桥阻水较严重，需拓宽；定阳桥两个边孔要挖低疏通；适时改建天马桥和山背岭桥。城防扩初批复中明确常山港左岸防洪堤顶高程与右岸相同，但不做钢筋砼拦洪板，在遇超标准洪水时可作临时滞洪区。

2.3　艰难起步

城防工程投资大，涉及面广，矛盾多，常山县是个经济欠发达县，财力困难，1998 年地方财政总收入仅 2 719 万元；加之处理 1997 年震惊全国的"7·12"特大房屋倒塌事故（死亡 36 人）善后工作，城区 60 多幢危房的整改工程，更是雪上加霜。但县委、县政府仍然咬紧牙关，拿出即使"砸锅卖铁"也要上城防工程的勇气和决心，充分发动群众，依靠群众，发扬"自力更生、艰苦创业"的精神，牢固树立过紧日子思想，勒紧裤带，苦干三年，举全县之力，共同把城防工程建好。城防工程筹措资金共五条渠道，即地方财政、上级补助、银行借贷、建堤后土地开发及社会集资。1998 年 9 月，县政府出台了《防洪工程建设资金筹集办法》，规定出资对象为全县所有机关、企事业单位、个私企业单位及个人，干部职工个人出资标准为每人每年一个月基本工资，连续三年，社会筹资每年约 400 万元；地方财政每年 600 万元，包括政府性基金、城市维护建设税以及用于水利建设的其他资金；土地开发筹资每年 300 万元；银行借贷每年 800 万元。

为确保城市防洪工程建设的顺利进行，县委、县政府于 1998 年 2 月成立常山县城市防洪工程建设领导小组，由县长任组长；1998 年 11 月，建立常山县城市防洪工程指挥部，作为项目建设单位，分管城建的副县长任总指挥，副指挥由政府办、水电局、建设局、交通局、土管局及天马镇的主要领导担任，下设办公室、政策处理组、工程技术与工程建设监理组。1999 年 7 月，撤销城防工程指挥部，组建项目法人——浙江常山联动水利水电发展有限公司，具体负责项目建设和管理。项目法人组建了一支 15 人的工程施工技术质量管理组，实行 24 h 旁站监督，落实各标段的质量管理责任人。施工技术质量管理组组长由公司总经理兼任，副组长作为技术负责人，代表项目法人参与每段堤防基础隐蔽工程的验收（约 1 000 个隐蔽工程）。项目法人还公开质量监督电话，接受社会监督，严把工程建设质量关。一些离退休老干部积极参与质量监督工作，乐意担当工程质量义务监督员。

2.4　取得成绩

城防工程从 1998 年 11 月正式破土动工，分三期实施。一期工程 1998 年11 月—1999 年 7 月，完成标准堤 2.871 km，投资 2 600 万元；二期工程从 1999 年

9 月—2000 年 10 月，完成标准堤 5.78 km，改造桥梁 1 座，投资 3 600 万元；三期工程从 2000 年 10 月开始，标准堤长 5.45 km，新建防洪闸坝 1 座，投资 4 600 万元，三期工程开始实行建设监理制。到 2002 年主城区形成防洪封闭圈，主体工程基本完成。蒲塘桥拓宽工程于 2000 年 4 月竣工；常山大桥拓宽工程到 2011 年完成。整个城防工程共 40 个施工标段。

常山县城市防洪工程建设得到了省政府和省水利厅的肯定，2000 年，全省城市防洪工程建设现场会在常山县举行。2000 年被评为省级"大禹杯"单项奖；2002 年获得了省人民政府表彰的"浙江省城市防洪工程建设先进单位"的光荣称号。

2011 年 6 月 15 日 22:00，常山港水文站实测最大洪峰流量 5 420 m³/s，超 10 年一遇洪水标准，渡口水位达到 87.65 m，高于保证水位 1.65 m，比城区地面高约 1.5 m。2011 年 6 月 19 日，常山港实测洪峰流量 4 130 m³/s，超 5 年一遇洪水标准，南门溪出现流量约 1 100 m³/s 的洪峰，达 20 年一遇洪水标准。接连两次大洪水，除少量渗水外，防洪堤安然无恙，经受了考验。

3. 独流入海治理一期工程——延伸促发展

3.1 建设背景

突飞猛进的发展势不可挡，为推进城市化发展进程，拉大城市框架，加快水利基础设施建设，提升防灾减灾综合能力，常山县人民政府把钱塘江干堤加固，赵家坪段和东部新城渣濑湾段防洪工程确定为 2010 年重大前期项目，从而延伸常山港治理范围，开始了独流入海治理一期工程。

钱塘江治理工程常山县段一期工程是独流入海河流钱塘江治理工程的重要组成部分，项目于 2011 年 7 月由浙江省发展和改革委员会以"浙发改农经〔2011〕871 号"复函，同意"开展可行性研究"。

该工程可行性研究报告，由浙江省水利厅、浙江省发展和改革委员会组织审查，浙江省水利厅以"浙水计〔2012〕1 号"出具审查意见函，于 2012 年 3 月由浙江省发展和改革委员会以"浙发改农经〔2012〕220 号"批复。

该工程初步设计报告，经组织审查，由浙江省水利厅以"浙水河〔2012〕62 号"出具审查意见函，于 2012 年 12 月由浙江省发展和改革委员会以"浙发改设计〔2012〕169 号"批复。

本工程主要建设内容为建设防洪堤及护岸 16.754 km（包括赵家坪堤、渣瀫湾堤和青石护岸），改造 10 座灌溉提水泵站，新建 29 座排水涵管、两座排涝涵闸、两座排涝箱涵，桥梁改建 1 座，工程总概算 4.429 8 亿元。赵家坪堤、渣瀫湾堤防洪标准近期为 20 年一遇，上游密赛水库建成后提高至 50 年一遇；青石护岸防冲不防淹，护岸顶高程与现状地面基本齐平。按照《钱塘江流域综合规划修编》控制堤距的要求，遵循宜宽则宽、顺应河势等原则确定堤线布置。堤防断面结构，根据地形、地质条件分段取用斜坡式、复合式、衡重式断面，并根据所处部位采用不同的护砌方式。现状岸坡较缓的堤段采用斜坡式和复合式为主的断面结构，房屋聚集区以衡重式断面为主。

赵家坪堤和渣瀫湾堤的应急加固工程（新建堤防 2.622 km），由常山县发展和改革局以"常发改审批〔2011〕186 号""常发改审批〔2011〕187 号"批复初步设计，于 2011 年 10 月开工，概算投资 5 832 万元，列入钱塘江治理工程常山县段一期工程中。

3.2 促进发展

钱塘江治理工程常山县段一期工程共分 11 个施工标段，其中应急加固工程 3 个标段。项目法人为常山县水利发展投资有限责任公司，工程建设实行项目法人制、招标投标制、建设监理制和合同管理制，到 2017 年主体工程基本完工。

防洪堤建成后，防洪标准得到了提高，土地价值迅速提升，房地产事业猛然兴起，赵家坪片区阳光名都、星月湾、西城花园等优质小区，成为 "抢手货"；县人民医院、县第一小学、县汽车站等公共服务设施也云集这里。一期工程渣瀫湾片区有力地推动了城东新区的发展，常山港北岸已是新城区的象征，东方广场、百悦城、漫悦城及浙西第一高楼（锦禾总部大楼，高 120 m）等，都落户这片土地，促进城市快速发展。2017 年 11 月，常山县正式跻身国际慢城联盟成员，成为中国第七个国际慢城。一期工程位于国际慢城核心区的南界线，沿江的快速通道已经初具雏形。常山港上，2018 年 5 月，浙江国际皮划艇精英赛暨全省青少年皮划艇锦标赛在这里顺利举行；2019 年全国皮划艇（静水）赛艇 U 系列赛浙江站暨浙江省青少年皮划艇赛艇锦标赛也在这里举行。今后常山港将作为重要水上赛事举办地。全国山地自行车赛事也在江北多次成功举办。青石护岸南岸，成功举办了常山国际赏石文化节及中国观赏石之乡交流会，这里是有名的赏石小镇。

4. 常山港治理二期工程——文化强小康

4.1 项目背景

常山县常山港干流经过城防工程和独流一期工程等项目建设，目前城区段堤防已闭合，现状防洪能力达到 20 年一遇。剩余未治理堤段保护对象主要为何家乡、青石镇、招贤镇等沿线村镇，现状河段大部分无堤防或为裸露土坡，防洪能力低，抗冲能力差，岸坡坡脚坍塌破损严重，存在较大安全隐患。通过新建及加固堤防护岸，新建排涝闸站，可以进一步提高招贤镇等集镇及沿线农村、农田保护区的防洪排涝能力，远期结合上游防洪控制性水库工程建设，使常山港干流总体防洪能力达到规划标准。同时通过对已建堤防的生态化改造，可以进一步改善常山港干流沿岸生态环境和城镇面貌，符合省委、省政府"五水共治"决策部署的总体要求。

常山县常山港治理二期工程，项目于 2015 年 12 月由浙江省发展和改革委员会以"浙发改办农经受理〔2015〕46 号"下发项目受理通知书。2017 年 3 月，由浙江省发展和改革委员会以"浙发改农经〔2017〕217 号"批复可行性研究报告。2017 年 11 月，由浙江省发展和改革委员会以"浙发改设计〔2017〕96 号"批复初步设计。该工程列入《浙江省水利发展"十三五"规划》。

4.2 建设内容

常山县常山港治理二期工程工程任务以防洪为主，结合排涝、灌溉及改善生态环境等综合利用。新建及加固堤防、护岸共 37.15 km，其中新建及加固堤防 28.875 km，包括琚家堤防、何家堤、团村堤、胡家淤堤、阁底堤、象湖堤、汪家淤堤、招贤堤、鲁士堤、大溪沿堤 10 段堤防；新建护岸 8.275 km，包括琚家护岸、新站护岸、西塘边护岸；堤防生态化改造 12.06 km，包括滨江堤、外港堤、南门溪左岸、南门溪右岸 4 段堤防；沿江新建排涝涵闸 6 座，穿堤箱涵 5 处、排涝涵管 21 处，重建灌溉机埠 11 座，新建堰坝 4 座，改造堰坝两座，新建机耕桥 3 座。概算总投资 8.808 3 亿元。工程共分 20 个施工标段，其中管理设施和自动化监控两个标。2018 年起已全面开工建设。

4.3 文化融合

随着全面建成小康社会步伐的加快，文化建设至关重要。常山港治理二期工程建设在充分考虑水利防洪效益的同时，结合"国际慢城"发展定位，打响常山港"宋诗之河"文化品牌，助推文旅融合发展，注重与周边生态环境及文化底蕴的有机结合，将众多独具特色的文化和休闲旅游要素有机融入其中，在堤坝范围内建设绿地、公园、慢道等配套景观设施，打造集防洪排涝、健身休闲和美化环境等功能于一体的水利综合体，沿常山港营造出一条靓丽的风景线。"阔步东接新衢州，建设慢城大花园。"

"千里钱塘江，最美在常山"，一川常山江水，串起了灿若星辰的名人足迹和动人诗句。具有 1800 年建县历史的常山，母亲河——常山港，积淀着千百年历史的文化。尤其是宋朝时期，大批诗人文豪、名流名臣、文人墨客、达官显贵，以及中原南迁的士大夫们，在常山港留下了上千首脍炙人口的诗歌，让人陶醉迷恋。常山一度成为浙西"文人聚会的中心"，曾几、陆游、杨万里、范成大、辛弃疾、朱熹等诗坛巨星在常山名声大振，造就了常山千百年历史的辉煌。"梅子黄时日日晴，小溪泛尽却山行。绿荫不减来时路，添得黄鹂四五声。"（曾几《三衢道中》）

长风水利水电枢纽的建成，常山港上形成了风光秀美的月亮湾景观，位于江畔的何家乡长风村，是远近闻名的休闲村，山清水秀，区位优势得天独厚、文化底蕴丰厚。在游人如织的长风村，一个崭新的"宋诗长廊"引人注目，这个长廊叫"赵鼎文化广场"，是"宋诗之河"打造的重要节点。

县城滨江段，宋诗精品文化核心区长 1 800 m，与常山县建县 1800 年相契合，分中央核心诗画浮雕区和诗词浮雕区。二期工程滨江堤生态化改造主要包括：4 处外延亲水平台，总面积 3 696 m²；两处栈桥式亲水平台，总面积 484 m²；1 处观景平台，总面积 231 m²；金川大桥上下游亲水平台内侧浮雕 531 m，总面积 806 m²；堤防顶主入口和次入口雕塑和小品共 8 座；河道内树池雕塑 3 组，总长度 52 m，总面积 156 m²；玻璃栈道长 145 m 等。南门溪堤生态化改造项目，在堤坝上安装带有"特、富、美、安"字样的浮雕。外港堤建设内容涵盖绿化、游步道、赛事看台等。

> 归船旧掠招贤渡，恶滩横将船搁住。
>
> 风吹日炙衣满沙，妪牵儿啼投店家。
>
> 一生憎杀招贤柳，一生爱杀招贤酒。
>
> 柳曾为我碍归舟，酒曾为我消诗愁。

南宋杰出诗人杨万里的一首《过招贤渡》，使得常山港沿江重要集镇——招贤镇名声大振。这里，主要聚焦杨万里宋诗纪念馆及招贤古渡的修缮保护、古街的宋诗长廊开发。沿江公路把宋诗之河串点成线，项目与文化结合，与旅游结合，与城乡建设结合，增强互动，展现文化魅力，迈进小康社会。

5. 结语

常山港 20 年的治理，共建成标准堤 56.7 km、护岸 11.3 km，沿江乡镇（除青石镇外）从原来的基本不设防，到防洪能力达到 10～20 年一遇洪水标准。从防洪保安全为主，到配合发展建设基础设施，再到融入文化元素，"宋诗之河"再现"绿荫护夏、红叶迎秋"风貌，常山港沿岸营造出一条靓丽的风景线。"千年宋诗河，百里慢城歌。"

提升水利品牌，河道治理理念更新，山水共处，文化生态结合，将是今后努力的方向。水利基础设施的夯实，必定有力地促进经济、政治、文化、社会和生态文明全面地快速地发展，实现中华民族伟大复兴。

案例 14 沉井施工在城防工程中的应用

常山县城防工程城南一期工程设计防洪标准为近期 20 年一遇，远期 50 年一遇，防洪堤长 1 126 m，分两个标段，投资约 1 000 万元。其中的 C1 标有 100 m 左右防洪堤距城南定阳小区居民楼很近，若采用常规防洪堤断面施工，开挖时势必要影响居民楼安全，而该处 3 幢居民楼原施工质量均有问题。如何保证城防工程顺利进行，而又保证居民楼安全，是摆在我们面前的一个严峻问题。

1. 设计方案

城南防洪堤一期工程位于定阳桥与山背岭桥之间，该段防洪堤规划堤距为 50 m。靠近定阳桥的下游段，左岸有约 300 m 已经建成，堤线已确定；右岸为定阳小区居民区。因此靠近定阳桥段的防洪堤宜采用重力式断面形式，以减少开挖宽度，尽量避免影响居民。

根据规划堤线，堤脚线离房屋最近处仅 8.9 m，如果采用重力式挡墙断面，基础宽 4.6 m，开挖深度 6.82 m，按 1:1 放坡计算，顶口自堤脚线算起的宽度需 11.42 m，这样势必影响到房屋。城防规划时建议拆除该处 3 幢居民楼，但按现在的标准，拆迁安置费用将达 2 000 万元以上，所以从经济上考虑是不合理的。

为此，设计采用沉井方案，分 8 个方形沉井，每个沉井宽 3 m，长 13.85 m，每个沉井段间距为 0.2 m，高 4.8 m（顶高程 85.03 m，底高程 80.23 m），沉井段堤长 112.8 m。沉井采用钢筋砼墙板结构，壁厚 0.5 m；底部设刃脚，以有利下沉，刃脚处厚 0.2 m。封底采用 C20 砼，厚度 2 m（顶高程 82.23 m）；砼封底以上部分用砂砾料回填压实，到高程 85.03 m。沉井顶部为厚 1 m 的钢筋砼盖板，盖板顶高程 86.03 m，与现地面平。盖板顶以上设钢筋砼墙，墙顶高程 89.13 m，比 20 年一遇洪水位 87.73 m 高 1.4 m。

根据地质勘察，地基砾砂层存在粉粘粒含量较高、呈流塑状性的砾砂软弱层，允许承载力最低的仅有 60 kPa；基岩为弱风化灰岩，但层面标高较低，在 73.01～75.87 m。如果加高沉井至基岩，沉井需加高超过 7 m，这显然增加施工难度，也不经济。为此，采用高压旋喷灌浆以提高地基承载力。

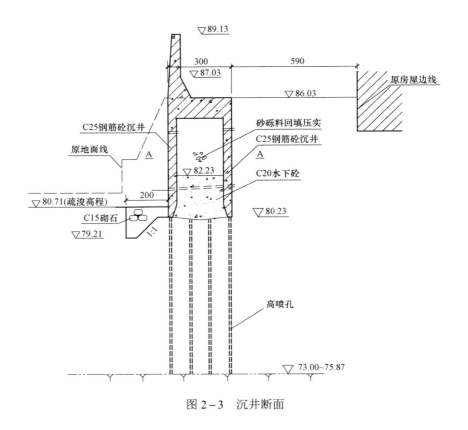

图 2－3　沉井断面

2. 施工工艺

沉井段防洪堤施工工艺流程为：地基处理（高压旋喷）→浇筑垫层→绑扎钢筋、立模→砼浇筑→养护→下沉→封底→回填。8 个沉井按间隔顺序进行施工。

2.1　高压旋喷

高压旋喷的目的是提高地基承载力。采用三管旋喷灌浆，喷射介质为水、水泥浆和压缩空气，水压力不低于 34 MPa，空气压力不低于 0.55～0.60 MPa，浆液压力不低于 0.3～0.5 MPa，旋喷桩承载力不低于 300 kPa，旋喷桩半径不小于 0.6 m。旋喷桩沿沉井刃脚布置，孔距为 0.87～0.93 m；另在每个沉井封底砼下面均匀布置 6 个旋喷桩。旋喷桩底部至基岩面以下 0.5 m，顶部高程控制在 80.23 m。

高压旋喷需分序进行，以保证每个旋喷桩有一定的凝固时间，控制相邻桩之间时间间隔不少于两天。

2.2　浇筑垫层

高压旋喷完成后，需对地面进行清基，以便于现浇沉井。垫层底部高程统一为 84.73 m，比现地面高程低 1.3 m。平整场地后，设置厚 0.3 m 的粗砂垫层，底宽 1.1 m；然后上面是厚 0.1 m 的 C10 砼垫层；刃脚处用 M5 砌 MU10 砖。由于沉井近河道一侧大部分为临空面，为利于沉井能均匀下沉，因此浇筑垫层前，在沉井边填筑宽 5 m 的工作面。

2.3　砼浇筑

沉井采用一次浇筑成型，高 4.8 m。按设计图纸绑扎钢筋，然后立模。砼采用商品砼浇筑。砼浇筑前，应严格对模板尺寸、强度及密封性进行检查检验。拆模后及时检查砼浇筑质量，包括外观和强度。

沉井砼浇筑间隔进行，即先浇筑 1 号、3 号、5 号、7 号沉井，再浇筑 2 号、4 号、6 号沉井。沉井砼养护一般为 3 个星期。

2.4　下沉

下沉是沉井施工的关键，当沉井砼强度达到 75% 设计强度以上时，方可下沉。每个沉井有 3 个净空间（孔），长 3.95 m，宽 2.0 m，孔内采用人工挖土，简易卷扬机垂直运输。为尽量不影响原始地层，下部开挖采用不排水施工。每个孔开挖需同步进行，以利沉井均匀下沉。控制每天最多下沉 0.6 m，一个沉井在 8～10 天内下沉到位。

2.5　封底、回填

沉井下沉到位后，下沉稳定度必须小于 10 mm/8 h，才能进行封底。井内用 C20 砼进行封底，厚度为 2 m。由于地下水位低，砼基本上在无水状态下浇筑。砼上部用砂砾料进行回填。

沉井完成后，上部浇筑厚 1 m 的钢筋砼盖板。然后在其上浇筑封闭式钢筋砼拦板墙，高 3.1 m。

3．观测检测

3.1　沉井垂直观测

在沉井四个角处设置基准点，当沉井开始下沉时，每天至少观测一次高程，计算出时段下沉值。当基准点将被沉没时，应及时把基准点提高，并注意基准点之间的换算。

3.2　沉井倾斜度观测

在沉井外侧设置竖直中心线，挂上垂球，以及时观测倾斜度，一旦发现倾斜度过大，就必须及时纠偏。纠偏的方法是：减少下沉过快侧的土方开挖量，加大下沉过慢侧的土方开挖量。

3.3　居民楼的变形观测

由于沉井施工处距居民楼近，因此房屋的变形观测非常重要。变形观测包括沉降和垂直度两个方面，委托具有资质的专门测量机构进行跟踪观测，在3幢居民楼边墙上共设置了27个沉降观测点和19个垂直度观测点。沉降量从2008年1月18日开始观测，至10月6日共观测了18次，结论是沉降还未稳定，但对房屋整体结构还没造成影响，平均沉降有1号、2号、25号三个点超标（按月平均沉降2 mm控制）。沉降最大值为4.39～7.81 mm/10天，发生在"5.28"洪水后，说明洪水对房屋沉降影响较大。垂直度观测结果，全部未超标（按4‰控制）。

4．几点思考

（1）在距居民区近、难以进行大开挖的地段修建防洪堤，采用沉井形式是经济合理的最佳方案。

（2）沉井是下沉结构，必须进行地质勘察，掌握确凿的地基情况，才能保证沉井施工的可靠性。

（3）在距居民区附近进行沉井施工，检测是必不可少的环节。

（4）选择在枯水期施工，可以减少地下水对沉井施工带来的影响。

（5）对于基础承载力较低的砾砂层，用高压旋喷灌浆提高其承载力，是行之有效的办法。

案例 15 河道整治总体思路

常山县地处浙西边陲，全县土地总面积 1 099.1 km²，下辖 7 个镇、14 个乡、338 个行政村，人口 32.33 万人，2005 年实现国内生产总值 36.1 亿元，属浙江省经济欠发达县之一。常山县河道众多，水系密布，主要水系为常山港及其支流，属钱塘江之源；另有球川溪，属鄱阳湖信江水系。常山县河流属山区性河流，源短流急，河床比降大，水量充沛，年内洪枯变化大，洪水暴涨暴落。

1. 河道现状

常山县共有大小河道 62 条，总长度 458.073 km。其中市级河道 1 条，县级河道 5 条，县级以下河道 42 条，详见表 2-1。

表 2-1 常山县河道统计

级别	河道名称	集雨面积/km²	河道长度/km	河道宽度/m
市级	常山港	3 176.1	46.6	100～300
县级	芳村溪	353.6	31.42	85
	虹桥溪	131	13.25	42
	南门溪	180	20.47	49.7
	龙绕溪	125.6	15.1	52
	球川溪	43.35	10.3	30
县级以下	菱湖溪、马车溪、里山溪、大坑溪、官塘溪、葫芦溪、长淤溪、新联溪、龙潭溪、豸里溪、东鲁溪、棚桥溪、东源溪、芙蓉溪、前溪、上源溪、达坞溪、寿源溪	10～60	5～10	5～50
	石门坑溪、黄冈溪、源口溪、枧头溪、程村溪、渣濑湾溪、孔家弄溪、苗头山溪、五里溪、大弄溪、葛畈溪、石村溪、前旺溪、红旗岗溪、白石溪、范村溪、后弄溪、白塘溪、大坞溪、上步溪、占坞溪、茶乐溪、舍回龙溪、辂角溪	<10	<5	5～29

2. 存在问题

2.1 水土流失严重

不合理的毁林开荒，陡坡耕种，开山采矿及修路等，遇暴雨时造成水土流失严重，易形成泥石流，轻者冲毁农田及河道堤防，重者损害房屋危及人身生命安全。

2.2 随意占用河道

在河道行洪断面内兴建预制构件厂、居民住宅，使河道断面缩小，形成瓶颈，壅高洪水，导致河道防洪能力降低。

2.3 河床淤积抬高

因缺乏科学规划，在河道上建筑堰坝、桥梁等阻水建筑物，加上弃土、弃石、弃碴，造成河床淤积，人为抬高。

2.4 防洪能力低下

常山港骨干河道中，除县城主城区段已达到 20 年一遇洪水标准外，其他河段防洪能力少数在 5～10 年一遇洪水标准，大多数都在 5 年一遇标准以下。南门溪除县城段标准达到 20 年一遇标准外，其余河段均低于 5 年一遇标准。芳村溪、虹桥溪、龙绕溪沿江两岸防洪能力均在 5 年一遇洪水标准左右。

3. 整治目标

3.1 防洪标准

河道整治以防洪为主。县城防洪能力达到 50 年一遇洪水标准，防洪堤为 3 级；建制镇、集镇规划区及保护人口万人以上、农田集中连片万亩以上地段防洪能力达到 20 年一遇洪水标准，防洪堤为 4 级；保护人口千人以上、农田千亩以上地段，防洪能力达到 10 年一遇标准，防洪堤为 5 级；保护人口较少、农田在千亩以下区，防洪标准达到 5 年一遇或修建防冲不防淹的护岸。

3.2 总体目标

根据"全面规划、统筹兼顾、突出重点、分段实施"的原则及有关法律、法规、规章的规定，以提高河道防洪能力为主，通过对河道的全面整治，改变河道水系面貌，改善水质，恢复河道的防洪、灌溉、发电、供水功能，建立一个和谐优美的水生态环境，实现"水清、流畅、岸绿、景美"，促进社会经济的可持续发展。

4. 整治总体方案

4.1 河道功能划分

按《浙江省水功能区划报告》的要求，对各河段进行功能划分，采用一级区划和二级区划两级体系。河道水域使用功能，根据河道规划使用目标，按其主导使用功能进行划分。主要河道功能划分见表2-2。

表2-2 常山县主要河道功能划分

河道名	按水体使用功能	按水域主导使用功能
常山港	Ⅱ类水质多功能区、集中式生活饮用水源一级保护区	防洪治涝、灌溉供水、输水发电、景观、调节
芳村溪	Ⅰ类水质源头水源保护区	防洪治涝、灌溉供水、输水发电
龙绕溪	Ⅰ类水质源头水源保护区	防洪治涝、灌溉供水
南门溪	Ⅱ类水质多功能区、集中式生活饮用水水源一级保护区	防洪治涝、灌溉供水
虹桥溪	Ⅱ类水质多功能区	防洪治涝、灌溉供水、输水发电

4.2 堤线布置

堤线布置应符合安全、经济、综合效益优的原则，充分利用现有堤防进行加高加固，以减少土地损失，降低工程造价。堤线布置与河流及河势相适应，与大洪水主流线大致平行，并照顾中小洪水，尽量平顺少曲折。为保障防洪安全，必要时应退堤，保证河道有足够的行洪断面，以利泄洪。

4.3 总体整治思路

4.3.1 河道整治原则

河道整治坚持下列几个基本原则：

（1）确保重点，兼顾一般的原则；

（2）防洪与兴利相结合的原则；

（3）工程措施与非工程措施相结合的原则；

（4）疏浚与筑堤相结合的原则；

（5）长期规划、分步实施的原则；

（6）以人为本，人水协调相处的原则；

（7）统一规划、规划先行的原则。

4.3.2 主要措施

（1）修筑防洪堤

大部分河道以泄洪为主要功能，修筑防洪堤是提高河道防洪能力的主要措施。如常山县城常山港两岸和南门溪两岸，投资 1.08 亿元，共修筑防洪堤 14.1 km，使县城的防洪能力从原来的不到 5 年一遇标准，提高到 20 年一遇洪水标准。

（2）河道疏浚

水土流失，生态环境的破坏，导致了河床淤积，水位抬高的不良后果。河道疏浚是防洪治涝、蓄水、输水、通航和改善水环境的综合治理的有效措施。规划常山港河道平均疏浚降低河床 0.8 m 左右，芳村溪河道平均疏浚降低河床 0.5 m 左右，其他河道平均疏浚降低 0.3～0.5 m。

（3）梯级开发水电站

对于水力资源较丰富的常山港、芳村溪河道，梯级开发小型水电站，有利于河道径流的调节，提高河道的景观效果，促进经济社会的发展。

常山港规划按七级开发，现已建有一级长风水电站、三级天马水电站、六级航埠恒丰电站，拟建有二级白虎滩电站、四级阁底电站、五级招贤电站、七级黄塘桥电站。芳村溪原已建有一级芙蓉水电站、二级回龙桥水电站、三级长厅水电站、四级猷阁水电站和五级马初水电站。已完建的芙蓉水库电站合并一级和二级，装机容量 1.6 万 kW；长厅水电站扩建后装机容量为 1 800 kW；猷阁水电站更名为芳村水电站，装机容量扩建到 4 000 kW。

（4）航运开发

常山港历史上航运业发达，鼎盛时期有流动船只上千艘，从业人员数千人。20 世纪 60 年代后，因上游水土流失严重，众多碶坝被毁，随着公路交通的发展，水运业逐渐衰落。为配合"水运强省工程"的实施，改变衢州市水运落后的面貌，目前常山港航道开发正在做前期工作，航道等级达到Ⅵ级以上标准，通过航运开发，进一步整治河道。

（5）护岸绿化

对于一些修筑防洪堤投资很大，但河道比降较小、流速较慢的河段，可考虑基本按天然断面进行护岸，正常河水位以上岸坡也可以种植草皮进行绿化，使整治与美化相统一，保持水生态环境的可持续发展。

4.4　非工程对策措施

河道整治是一项综合性的工程，是集防洪、治涝、灌溉、供水、环境保护等功能为一体的综合性、全面性的社会公益建设项目。非工程措施也是河道整治必不可少的一个重要措施，建立和完善洪水预警、预报系统是非工程措施的主要对策。

4.4.1　防洪指挥系统

为充分发挥流域内水库工程的拦洪削峰作用，以及堤防的防洪作用，保证各防洪工程及时、准确地进行防洪调度，建立流域防洪指挥系统。利用防汛信息系统，完成全流域的水情、雨情、灾情的收集整理，提供流域暴雨预报、洪水预报、洪灾预测，制定出河段调度方案，实时进行防汛决策和调度，发布汛情公报，使洪灾减至最低程度。

4.4.2　工程管理

河道管理是河道整治的重要组成部分，实行按流域统一管理和行政区域分级管理相结合的管理体制。重要河道设县乡两级管理机构，次要河道设一级管理机构。县河道堤防管理所负责重要河道、堤防的管理工作，配备必要的管理和养护人员，实行专业管理和群众管理相结合。

为保护堤防工程的安全，应明确划定堤防的管理范围和保护范围。河道的管理范围为两岸堤防之间的水域、沙洲、滩地、行洪区及两岸江堤和护堤地，护堤地范围为背水坡脚以外 5～10 m。保护范围为管理范围以外 5～10 m。

5. 资金筹措

河道整治工程投资大，时间跨度长，是一项综合性工程，需要各级政府高度重视，大力支持。资金筹措除各级政府给予扶持，财政预算上给予一定的投入外，应大力开拓社会集资、银行贷款、社会援助及运用市场机制等途径筹措资金。

对于城镇、集镇开发区、工业园区等，运用市场机制等筹措资金显得越来越重要。通过河道整治，两岸地块的商用价值得到大大的提高，如常山县城的渡口小区、东苑小区、梅园小区和城南小区等，县城段河道经过整治、修筑防洪堤形成防洪闭合圈，防洪能力从不到 5 年一遇，提高到 20 年一遇，近几年此地段商品房价格直线升值。再比如球川溪上的球川镇，集镇所在地段河道经过整治，修筑防洪堤，两岸土地开发价格比以前翻了三番以上。

6. 结语

河道整治是一项巨大的基础建设工程，具有综合性、公益性、长期性等特点，因此要遵循"全面规划，统筹兼顾，突出重点，分步实施"的原则，注重工程措施与非工程措施相结合，做到统一规划，统一建设，统一管理，形成整体、高效的信息网络。建立健全适应社会主义市场经济的水务管理运行机制和河道各项管理制度，努力实现河道管理现代化。各级政府要大力支持河道整治工作，设立专项资金，加快加紧对河道的综合治理，创造山清水秀景美的自然生态环境，促进经济和社会的可持续发展。

（2006 年 4 月）

案例 16　小流域综合治理基本思路及对策措施

1. 小流域概况

常山县位于浙江省西部边陲，东西宽 46 km，南北斜线长 55.6 km，全县土地面积 1 099 km²，人口 31.68 万。县境内属钱塘江水系的有常山港，县境以上控制流域面积 3 176.10 km²，常山港支流众多，其中较大的支流有菱湖溪、龙绕溪、芳村溪、南门溪、马车溪、虹桥溪、里山溪、大坑溪、官塘溪等 9 条，常山港主流县境内流程 46.6 km。属鄱阳湖水系的河流有球川溪，县境内长 16.85 km。

常山县共有 10～40 km² 的小流域 29 条，流域面积 530.73 km²，其中分布在东北部中低山区 4 个乡镇的小流域有 7 条，流域面积 203.4 km²；分布在南部丘陵地带 4 个乡镇的小流域有 4 条，流域面积 96 km²；分布在中部丘陵岗地 15 个乡镇的小流域有 18 条，流域面积 231.33 km²。

2. 存在的主要问题

2.1　水土流失严重

随着人口的增加，人类活动频繁，不科学地开垦陡坡，随意向河道倒弃废物，导致水土流失越来越严重。据遥感技术调查，常山县水土流失面积为 245.1 km²，占总土地面积的 22.3%，其中轻度侵蚀 175.55 km²，中度侵蚀量 51.53 万 t。严重的水土流失，使河床抬高，航道受阻，塘库淤积。常山港曾是本县交通航运要道，上接开化，下通杭州，但随着时间的推移，常山港年输沙量由 20 世纪 50 年代的 8.86 万 t，增加到 20 世纪 70 年代的 36.9 万 t，年航运量则由 20 世纪 60 年代的 8.34 万 t，至 20 世纪 80 年代河道无法能航。此外，县内的 4 592 座塘库，由于泥沙淤积，蓄水量减少 3 104 万 m³，严重影响水利工程效益的发挥。

2.2　河道抗灾防灾能力差

小流域大多为天然河道，有的河道虽经过整治，但缺乏科学的规划，标准太低，因此几乎无防洪能力，形成"大雨大灾，小雨小灾，无雨旱灾，连年遇灾"的局面。一旦山洪暴发，轻者淹没农田，冲毁堤坝，重者冲塌房屋，造成人员伤亡。如芳村溪 1982 年和 1983 年两年山洪暴发，淹没农田 8 万多亩，粮食减产 1.2 万 t，冲毁防洪堤 73.3 km，倒塌房屋 1 800 间，造成了严重的损失。

2.3　综合治理工作相对滞后

改革开放以来，社会经济发展迅速，偏僻山区脱贫致富，人们的生活水平有了突飞猛进的提高，小流域综合治理已显得极为迫切。但由于小流域内基础设施较薄弱，缺少控制性工程，而小流域综合治理面广量大，需要较大的资金投入，当地群众存在"等、靠、要"的被动思想，政府也把资金较多地投入到城市基础设施建设中。这些都影响了小流域治理的工作的开展。

3. 综合治理基本思路

3.1　编制科学治理规划

要做好小流域综合治理工作，首先必须编制科学的规划，规划要求长期规划和近期规划相结合，要明确总的规划指导思想的原则，然后分别制定近期、中期及远景各阶段的具体规划。

小流域综合治理规划总的指导思想是：以整治和改造退化的生态系统为基础，以调整产业结构和种植结构为前提，通过工程、植物、耕作等综合措施，对流域内的山、水、田、井、路进行整治，控制水土流失，全面提高流域的抗灾防灾能力，促进资源的合理配制和永续利用，实现生态的良性循环，促进农村经济繁荣和社会的可持续发展。规划坚持因地制宜、注重实效的原则，坚持全面规划，综合治理的原则，坚持"上蓄、中疏、下泄"的治水原则，坚持坡、沟、滩综合治理的原则。并做到治山与治水相结合；疏浚与筑堤、造田、修路相结合；治水与交通、乡镇建设、乡村防洪相结合；工程措施与植物措施相结合；治理与开发、管理相结合；社会效益、生态效益与经济效益相结合。

根据实际情况，初步设想："十五"期间，通过 5～10 个重点小流域的综合治理，以点带面，基本控制生态环境恶化趋势，使全县水土流失面积不再扩大。然后用 10 年时间，到 2015 年，完成全县水土流失面积 80%的治理任务，植被覆盖率达到 70%左右，荒地基本得到治理，重点治理区的生态环境开始走向良性循环的轨道。到 20 世纪 30 年代，全县水土流失基本得到控制，各种治理措施的综合配置形成完整的防护体系，建立起适应国民经济发展的良性循环系统，实现有山皆绿，无水不清的生态景观。

3.2　规范工程措施设计

工程措施包括修建防洪堤、堰坝、渠系配套，河道清淤，开挖截水沟、排水沟、修筑拦沙坝、蓄水池等，技术性强，投资比重大，是综合治理的重中之重。如我县达坞溪小流域综合治理总投资为 766.51 万元，其中工程措施投资 539.81 万元，占总投资的 70%。因此，工程措施设计必须由具有相应资质的设计单位进行勘测设计，通过水文计算，确定达到相应防洪标准的堤距。这样才能避免"建了又拆，拆了又建"的重复投资，使小流域的防洪标准真正达到相应的标准。另外，可通过公开招标，择优选定施工企业，保证工程按规范设计及施工。

河道的规划堤距是一个重要的设计参数，它直接影响防洪能力和工程造价。小流域河道一般源长河窄，采用同一堤距将会增加造价，堤距分段进行控制往往是较科学的。根据分段区的流域控制面积，分别计算设计洪水参数，确定相应的堤距，下游堤距较大，中游次之，上游堤距较小。如达坞溪小流域规划堤距：上游下达坞段采用 20 m，中游特畈段采用 25 m，下游独岭、季村段采用 30 m。

3.3　制定植物耕作措施

3.3.1　造林措施

包括种植防护林、用材林、经济林和果园，以及退耕还林和封禁治理。对25°以上的陡坡耕地实行退耕还林；坡度陡有一定土层的荒坡，营造水土保持林；离村庄较远，坡度较缓的荒坡营造用材林，主要种植树种有湿地松、马尾松、松木、柏木、木荷、枫杨、樟、刺槐等；在离村庄较近土层较厚、坡度较缓的荒坡，且交通较为方便的地方发展经济林果，主要树种有柑橘、胡柚、板栗、葡萄、枇杷、桃、梨、李、食用竹、茶叶等。疏林地是小流域内水土流失面积最大的土地利用类型，宜采用封禁治理，这样保护了原有林草植被和地表土壤结构，而且通过补植乔灌木或草本植物，增加地表覆盖，达到省钱、省工、见效快的目的。

3.3.2 种草措施

在水土流失严重或干旱贫瘠的荒山、荒坡、荒沟、荒滩及没有林草覆盖的堤岸，进行人工种草。主要种植草种有葛藤、知风草、香根草、中华结缕草、黄花菜、金银花、紫穗槐、黑麦草、芭茅等、采用条播、撒播、穴播等方式，起到护坡固土、防治水土流失、改善生态环境的作用。

3.3.3 坡改田

选择土质好距居民点较近，位置较低，邻近水源的坡耕地，改造成水平梯田。田块布设需顺山坡地形，大弯就势，小弯曲直，田块大小以便利耕作而定，梯田在不能全部拦蓄径流的地方，应布设相应的排、蓄工程。

3.3.4 保土耕作

宜选择坡度较缓的坡耕地，实施沟垄种植，在坡耕地上顺等高线进行耕作，形成沟垄相间的地面，以容蓄雨水，切断径流，减少水土流失。

3.4 落实各项保障措施

3.4.1 组织保障措施

小流域综合治理不但项目多、投资大、工期长，而且涉及千家万户，是促进社会效益、生态效益和经济效益持续稳定发展的公益性事业。要搞好小流域综合治理，首先必须有组织保证，应建立一个由县政府牵头，水利、农业、林业和有关乡镇组成的小流域综合治理实施机构，统一协调和领导小流域的治理工作。流域内以行政村为单位，成立"小流域综合治理小组"，主要任务是接受培训、传递信息，对本村承包单位进行现场技术指导，对治理成果进行管理维护，按照完成所承包的治理任务，对实施中出现的问题即时进行反馈，保证小流域综合治理工作顺利开展。

3.4.2 政策保障措施

小流域治理工作是一项综合性的工作，涉及到各行各业社会经济发展计划，政府应及时出台一些针对性的政策，把广大群众的积极性调动起来。

（1）在小流域治理工作，允许多种组织形式进行开发治理，可采取个体承包、联产承包、股份合作承包，也可租赁或拍卖。允许社会各行各业，可以以土地、劳力、资金等入股形式进行开发治理。要坚持"谁治理，谁开发，谁管理，谁受益"的原则，让治理者劳有所获，勤有所得。

（2）在小流域治理的投入上，采用"以奖代补"的形式。根据不同治理情况，制定相应的奖励标准，治理前宣布，通过验收评比，及时公开兑现。

（3）贫困地区新开发的农田、果园基地，政府应在税收征购任务方面制定一系列的优惠政策，在生产技术和物资供应上给予大力支持。

3.4.3　技术保障措施

3.4.3.1　统一规划，分步实施

小流域综合治理必须实行统一规划，由具有相应资质的规划设计单位进行勘测设计。根据设计要求，把各项治理措施落实到每个地块，包括各项治理措施、数量、投资、用工、完成期限等，要有文字说明、计划表、实施图三部分，做到定位、定性、定置地反映实施内容。在治理中应掌握先上游，后下游；先治坡，后治沟；先小型，后大型的治理顺序。使治理区逐步连片，形成规模。

3.4.3.2　建立技术指导小组

有治理任务的乡镇，由当地政府主要领导负责，建立以水利、农业、林业等部门的专业技术人员组成的技术指导小组，根据实施计划，对各项治理措施进行技术指导，质量监督和检查工作，同时，要组织进行培训，使各施工单位（或农户）及时掌握有关技术，把好质量关，并定期做出工作总结。

3.4.3.3　应用先进科学技术

在小流域综合治理规划中，常山县应用遥感技术所提供的水土流失强度，面积及分布区域，结合实地调查，进行全面规划，不但提高了规划精度，而且节省了大量的人力、物力和资金。积极引进和就地选育名、优、特植物新品种，满足小流域治理对植物品种不断变化更新的市场需求，更好地发挥植物措施的作用。"三保地"是常山县 20 世纪 60 年代开始应用的水土保持措施，它具有保土、保水、保肥的综合能力，在经济果木林基地开发治理中采用了这项科学技术措施，大大提高了山地的保土蓄水能力。

4. 结语

小流域综合治理是一项长期性的群众工作，各级政府应把水流域治理工作纳入农村经济发展规划，要确立小流域治理在农村经济发展中的战略地位，应长期、持久地坚持下去。我们相信，经过几十年的努力，几代人的奋斗，小流域综合治理工作一定会取得巨大的成绩。到那时，经过治理的小流域集中连片，形成规模化开发，区域性布局，专业化生产，实现种养加、产供销、贸工农一

体化的产业结构，区域经济不断地增长，生活水平不断地提高，生存环境不断地改善，一个城乡富裕，国泰民安，山清水秀，鸟语花香，人与自然和谐相处，经济和环境协调发展的新常山必将展现在我们的面前。

（2002 年 5 月）

案例17　挖"神仙土"惹的祸

所谓"神仙土",是本地的俗称方言,指在人工开挖土方时,位于底部的那些土,当这些土被掏空后,上面的土自然塌下来,以节省开挖费用。一般是指没有按开挖设计要求而进行的开挖。

挖"神仙土"是危险作业行为,但在人工开挖土方时,一些农民工还是会去尝试。比如,1997年,在城南排水渠(长900 m,设计流量19.8 m³/s)人工开挖土方时,排水渠最大开挖深度仅2.2 m,一位土方开挖作业人员由于挖"神仙土",上部土方突然塌方,因来不及躲避,而被埋在塌方体内。抢救不及,导致死亡。

还有一种是机械开挖作业挖"神仙土",由于没有按设计开挖边坡进行开挖,而造成边坡土方坍塌,造成人员死亡。2015年4月17日,箬岭水库因坝内供水管道漏水处理进行开挖,设计开挖边坡为1:1.5。由于管道基底高程比设计低2.2 m,因此按设计开挖边坡,上口需加大开挖宽度,但施工单位为了节省开挖费用,没有按设计变更后的开挖断面开挖,而是在原来的边坡上加深开挖,其实际开挖边坡陡于1:1,且坡面未有任何防护措施,结果产生塌方,导致在沟底作业的一名施工人员死亡。

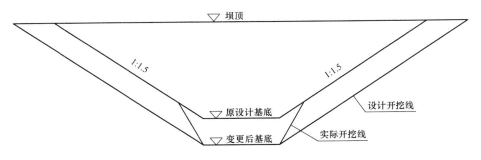

图2-4　箬岭水库开挖断面

案例 18 **城防工程堤防基础处理**

1. 工程简况

城防一期工程从 1998 年 11 月正式开工，1999 年下半年完成，2000 年 4 月进行初步验收。一期工程总长 2.871 km，投资 2 600 万元，共分七个标段。

城防工程设计洪水标准，近期按 20 年一遇，远期结合常山港流域综合治理，通过上游兴建大型水库后达到 50 年一遇洪水标准。防洪堤断面型式主要有重力式、复合式、护坡式三种。

重力式断面主要布置在房屋密集区域，采用该型式，可以减少拆迁费用，节约土地。基础采用 C15 埋石砼底板，局部采用钢筋砼底板，底板厚 1.0 m，每隔 20 m 设伸缩缝。

复合式断面下部为挡墙，采用 C10 细石砼砌块石，基础采用 C15 埋石砼底板，底板厚 1.0 m；挡墙顶设宽 3.0 m 的马道；上部采用 M7.5 浆砌块石护坡。

护坡式断面采用 M7.5 浆砌块石基础，位于冲刷线以下，全坡面采用 M7.5 浆砌块石护坡。该断面型式占地较大。

由于堤线长，地质条件复杂，相应基础处理根据实际情况采用不同的处理方法。

2. 岩基基础处理

城防一期工程基岩主要有泥岩、砂岩和灰岩三类。

对于坚硬岩石基础，一般为砂岩或灰岩，应清除松动岩块及杂质，采用高压水枪冲洗干净。基坑积水应及时抽排。

对于泥岩基础，往往浸水后比较软弱，因此不用水冲洗，在满足地基承载力的前提下，基面清理平整即可。

当基岩埋深低于砼底板顶 1.5 m 时，一般不采用全断面开挖至基岩面，而是在靠河道侧一端开挖齿槽与基岩面连接。齿槽底宽 1.0 m，临河侧垂直，背河侧边坡 1:0.5。

在浇筑砼底板前，基岩面应先铺高标号水泥砂浆，厚度 3～5 cm。局部深坑，需先用砼进行灌注至建基面。

3. 砂卵石（砂砾石）基础处理

设计要求常山港堤基承载力要求 ≥29 t/m² （290 kPa），南门溪堤基承载力要求 ≥16 t/m² （160 kPa）。对于满足地基承载力的砂卵石建基面，采用机械开挖的，应以建基面以上预留 0.25～0.30 m 的保护层，采用人工开挖，同时清除机械开挖的松动部分。应采取有效措施，减少对原状基础的扰动，保证建基面的整体性。

对于不能满足地基承载力的砂卵石（砂砾石）建基面，一般采用 "换基"方式，即开挖掉不能满足要求的基础土方，用满足要求的砂石料回填进去。压实后在其上浇筑砼底板。换基深度一般厚 0.5～1.5 m，根据计算确定。局部基础采用钢筋砼底板（长 20 m）。"换基"时应加强基坑排水。回填料不能采用细砂或粉砂，以免形成流动砂层。

城防工程由于地基处理到位，工程运行 20 多年来，未发生任何事故。

第三章

行业监管

案例 19　长风水闸级别调整及防洪控制运用计划优化

1. 工程概况

长风水利水电枢纽工程位于钱塘江干流常山港上，距离县城约 15 km。枢纽工程于 1993 年 7 月开工建设，1996 年 6 月 18 日下闸蓄水，1996 年 7 月主体工程通过完工验收，2000 年 12 月枢纽工程通过竣工验收。2003 年 1 月，浙江恒昌实业集团有限公司通过公开竞拍的方式，取得长风水利水电枢纽工程在一定期限内的资产所有权、使用权，注册成立浙江恒昌实业集团有限公司常山长风水电分公司。工程主要任务是以发电为主，结合灌溉、航运等综合利用。坝址以上集水面积 2 086 km²，多年平均降水量 1 882 mm，多年平均径流总量为 23.87 亿 m³。正常蓄水位 99.20 m，相应库容 498 万 m³，调节库容 204 万 m³；校核洪水位 103.17 m（$P=1\%$），总库容 1 160 万 m³，过闸流量 7 162 m³/s。枢纽工程主要由拦河闸、进水闸、引水渠道、水电站等组成。

1.1　拦河闸

拦河闸共 17 孔，每孔净宽 10 m。闸墩宽度 1.1 m，闸墩上游头部为流线型，下游尾部为圆形，闸墩长度 18.60 m。溢流堰型为驼峰堰，堰顶高程 93.30 m，堰体长 19.10 m，堰下游与消力池连接，控制段与消力池之间设置设伸缩缝，消力池长 16 m。消力池出口设置一道消力坎，坎高 1.0 m，坎顶宽度 0.85 m，消力池底高程 89.50 m。拦河闸闸墩上游侧顶部设 4.4 m 宽工作桥，桥面布置启闭机，桥顶高程 107.90 m。闸墩下游侧布置有 5.0 m 宽交通桥，桥面高程 105.60 m，交通桥右岸与 205 国道线交叉衔接，左侧依次连接管理区及引水渠道。交通桥桥面板采用预制大孔板拼装，按汽-15 设计。

1.2　进水闸

进水闸（即引水渠首）共设 3 孔，每孔净宽 6 m，布置在拦河闸左岸。中间 1 孔考虑通航需要，设置活动胸墙，左右两个边孔各设置有固定式胸墙。进水闸下游设消力池，池深 0.6 m，长 12.0 m，消力池后设长 20 m 渐变段与梯形渠道连接。进水闸每孔设置 4.2 m×6 m（高×宽）平面钢闸门，其下游设宽 6.57 m 检修平台，平台高程 103.20 m。工作桥宽 5.4 m，桥面高程 108.60 m。

1.3　引水渠道

引水渠道全长 1 285 m，设计流量 96 m³/s，纵坡 1:10 000，分梯形断面和矩形断面两种断面型式，梯形断面底宽 12 m，边坡系数 1.5，矩形断面底宽 18 m，设计水深 4.2 m，均用砼护面，糙率系数要求达到 0.016。

1.4　水电站

水电站属引水径流式电站，总装机容量 7 200 kW，4 台 1 600 kW 加两台 400 kW，年发电量 2 124 万 kW·h。电站额定水头 8.7 m。

1.5　灌溉

设计总灌溉面积 5.16 万亩，其中南干渠灌溉面积 2.94 万亩，设计流量 2.0 m³/s，干渠进水闸位于引水渠道末端（电站前池上游），干渠总长 10.45 km。北干渠灌溉面积 2.22 万亩，灌区未配套。

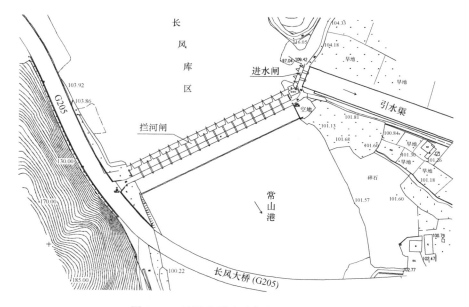

图 3-1　长风水利水电枢纽工程拦河闸

1.6 航运

设计考虑通航需要在电站前池右侧设船闸，船闸由上下闸首和闸室三部分组成，闸室长 20 m，宽 4 m，船只最大载重量 10 t，最大船型尺寸 16 m×2.5 m（长×宽）。

2. 水闸级别调整

2.1 原水闸级别

根据《水利水电工程等级划分及洪水标准》（SL 252—2000），拦河水闸工程的等别，应根据其过闸流量确定。长风水闸最大过闸流量 7 162 m³/s（≥5 000 m³/s），工程等别为 I 等，工程规模为大（1）型水库，水闸为 1 级水闸。

2.2 水闸级别调整

根据《水利水电工程等级划分及洪水标准》（SL 252—2017），将拦河闸视为一个工程的建筑物，不再将其视为一个工程单独划分等别，永久性水工建筑物的级别，按其所属工程的等别确定。长风水利水电枢纽工程若按水库考虑，总库容＞1 000 万 m³，应属中型水库，工程等别为 III 等；若按发电工程考虑，装机容量＜10 MW，应属小型电站，工程等别为 V 等；工程设计灌溉面积 5.16 万亩，应属中型工程，工程等别为 III 等。按照规范要求，"对综合利用的水利水电工程，当按照综合利用项目的分等指标确定的等别不同时，其工程等别应按其中最高等别确定"，故确定长风水利水电枢纽工程等别为 III 等，主要永久建筑物级别为 3 级。

《水利水电工程等级划分及洪水标准》（SL 252—2017）同时规定：拦河闸永久水工建筑物为 2 级、3 级的，其校核洪水过闸流量分别大于 5 000 m³/s、1 000 m³/s 时，其建筑物级别可提高一级（但洪水标准可不提高）。

综合确定长风水利水电枢纽工程为中型水利水电工程，工程等别为 III 等，其主要建筑物水闸级别为 2 级。

根据《水闸安全鉴定管理办法》（水利部水建管〔2008〕214 号文）的要求，2018 年 8 月，完成水闸安全鉴定工作，经浙江省水利厅审定为二类闸。

3. 原水闸控制运用计划

2010 年 8 月，县人民政府办公室批转"大坝（水闸）科学泄洪实施办法"。水闸控制运用计划主要内容如下。

（1）要求严格按照市防汛防旱指挥部、市水利局核准的年度控制运行计划运行，不得抬高水位，当上游来水量小于发电流量时，闸前水位保持 99.20 m 以下；当上游来水量大于发电流量时，必须开闸泄洪。

（2）上游来水量在 100～200 m³/s 流量时，打开 7 号、8 号、9 号闸门泄洪，每扇闸门开度为 0.5 m，闸前水位控制在 99.20 m 以下运行。

（3）上游来水量在 200～300 m³/s 流量时，增开 5 号、6 号、10 号闸门泄洪，每扇闸门开度为 0.5 m，闸前水位控制在 99.20 m 以下运行。

（4）上游来水量在 300～500 m³/s 流量时，7 号、8 号、9 号闸门开度 1 m 泄洪，在 5 号、6 号、10 号闸门泄洪基础上，再增开 4 号、11 号、12 号闸门泄洪，每扇闸门开度为 0.5 m，闸前水位控制在 99.20 m 以下运行。

（5）当上游来水量大于 500 m³/s 流量时，17 扇闸门全部打开泄洪。

4. 原控制运用存在主要问题

通过几年来的实际运行，原水闸控制运用计划存在下列主要问题。

4.1 开启有突变

当上游来水量在大于 500 m³/s 流量时，闸门从开启 9 扇闸门（最大开度为 1 m），突变至 17 扇全开，易造成下游河床局部严重冲刷，也不利于闸门运行。如"2016.6.3 洪水"，闸门全开时，间隔 1 h，最大下泄流量增加 700 m³/s；"2018.6.20 洪水"，19 时到 20 时，闸坝下泄流量从 378 m³/s，猛增至 1 450 m³/s（最大下泄流量 1 650 m³/s），间隔 1 h 下泄流量增加达 1 072 m³/s。

4.2 开度未细化

闸门开度明确的最大值为 1 m，1 m 以上未细化，不利于实际操作。事实上，17 扇闸门全开（开度 1 m）在控制闸前水位 99.20 m 时，下泄流量仅为约 1 100 m³/s。而在 17 扇闸门全开，堰流泄洪流量 1 100 m³/s 时，闸前水位仅为 95.70 m，比正常蓄水位 99.20 m 低 3.5 m。因此，在洪峰流量 3 000 m³/s 以下时（此时洪水位 98.20 m），完全没必要 17 扇闸门全开按堰流泄洪，只要控制闸门开度即可。

4.3　次序不完整

闸门开度先后次序不完整，只有 9 扇闸门在 1 m 开度内的开启次序，对开度 1 m 以上及其他 8 扇闸门开启未说明。

5. 优化控制运用计划

针对具体控制运用中存在的问题，根据《大中型水闸运行管理规程》，多孔闸应分级均匀启闭，不能同时启闭，应由中间孔向两岸依次对称开启；关闸时，由两岸向中间对称关闭；多孔闸开度应保持在同高。结合实际情况，为保持水流状态尽量均匀，做如下优化。

5.1　调度权限

（1）正常情况下，上游来水量小于 500 m³/s 时，由水闸运行管理单位自行调度，严格按照调度操作规程操作，并做好预警工作，开启闸门要提前 2 h 以上报县水行政主管部门备案。

（2）上游来水量大于 500 m³/s 时，由县林业水利局统一调度，收到县水行政主管部门调度指令后，按照市水利局批准的控制运行计划操作。在特殊情况下，服从省、市防汛防旱指挥部门调度指令，运行管理单位必须服从。

5.2　调度原则

5.2.1　流量 500 m³/s 以下调度原则

（1）当上游来水量小于发电流量时，闸前水位保持 99.20 m 以下；

（2）上游来水量大于 100 m³/s 时，打开 8 号、9 号、10 号闸门泄洪，每扇闸门开度 0.5 m，闸前水位控制在 98.70 m 以下运行。闸门打开顺序：先打开 9 号，再打开 8 号、10 号（先打开中间闸门，再对称从中间往两岸逐渐打开的原则）；

（3）上游来水量大于 200 m³/s 时，增开 7 号和 11 号、6 号和 12 号闸门，每扇闸门开度 0.5 m，闸前水位控制在 98.70 m 以下运行；

（4）上游来水量大于 300 m³/s 时，增开 5 号和 13 号、4 号和 14 号闸门，每扇闸门开度 0.5 m，闸前水位控制在 98.70 m 以下运行。

5.2.2 流量 500 m³/s 以上调度原则

（1）上游来水量大于 500 m³/s 时，增开 3 号和 15 号、2 号和 16 号、1 号和 17 号闸门，每扇闸门开度 0.5 m，闸前水位控制在 98.70 m 以下运行。

（2）如闸前水位仍高于 98.70 m（预测上游来水量大于 1 000 m³/s），加大闸门开度至 1 m，提高泄洪能力。闸门打开顺序同前。

（3）如闸前水位仍高于 98.70 m（预测上游来水量大于 1 500 m³/s），加大闸门开度至 1.5 m，提高泄洪能力。闸门打开顺序同前。

（4）如闸前水位仍高于 98.70 m（预测上游来水量大于 2 000 m³/s），加大闸门开度至 2 m，提高泄洪能力。闸门打开顺序同前。

（5）如闸前水位仍高于 98.70 m（预测上游来水量大于 2 500 m³/s），加大闸门开度至 2.5 m，提高泄洪能力。闸门打开顺序同前。

（6）上游来水量大于 2 800 m³/s 时，17 扇闸门全部全孔打开（此时为堰流）。

5.2.3 下闸

洪峰过后，当闸前水位明显下降到 98.00 m，上游气象预报无明显降水情况，可以逐渐下闸操作。

（1）1 号～17 号（17 扇）闸门按逆时序下闸，保持开度为 2.5 m，控制闸前水位为 98.70 m。闸门下闸顺序：1 号和 17 号、2 号和 16 号、3 号和 15 号、4 号和 14 号、5 号和 13 号、6 号和 12 号、7 号和 11 号、8 号和 10 号、9 号（从两岸向中间逐渐对称下闸）。

（2）来水量继续减少，闸门开度逐步调整至 2.0 m，控制闸前水位 98.70 m，闸门下闸顺序同前逆时序操作。

（3）来水量继续减少，闸门开度逐步调整至 1.5 m，控制闸前水位 98.70 m，闸门下闸顺序同前逆时序操作。

（4）来水量继续减少，闸门开度逐步调整至 1.0 m，控制闸前水位 98.70 m，闸门下闸顺序同前逆时序操作。

（5）来水量继续减少，闸门开度逐步调整至 0.5 m，控制闸前水位 98.70 m，闸门下闸顺序同前逆时序操作。

（6）来水量继续减少，逐步关闭闸门至全部关闭，控制闸前水位 99.20 m，闸门下闸顺序同前逆时序操作。

每个闸门操作动作间隔宜在 2～3 min。特殊情况服从调度指挥。

（2019 年 4 月）

案例20　2016年小型水库标准化管理分步实施探讨

　　小型水库标准化管理是水利工程标准化管理中个数最多的一类,常山县根据自己的实际情况,对标准化管理工作进行了有效的探讨,采用分步实施办法,各个阶段主要工作内容明确,责任清楚,可操作性强,是行之有效的办法。

1. 概述

　　常山县地处浙西边陲,面积 $1\,099\ km^2$,人口约 33 万。共有水库 87 座,其中中型水库 3 座,小（1）型水库 10 座,小（2）型水库 74 座。小型水库标准化管理个数占总数的 55%,是各类水利工程中个数最多的一类。2016 年是创建水库标准化管理的第一年,计划完成 13 座小型水库的标准化管理验收,其中小（1）型水库 5 座,小（2）型水库 8 座。鉴于小型水库管理基础差,资金投入少、技术力量薄弱等具体问题,常山县小型水库标准化管理根据实际情况采用分步实施方案,主要分学习培训、基础工作、内部管理及考核验收等几个阶段。

2. 学习培训

　　十类水利工程运行管理规程一出台,常山县水利局立即组织水库管理单位和主管单位相关人员进行培训。主要学习《浙江省水利工程安全管理条例》等相关法规,及《浙江省小型水库运行管理规程（试行）》（以下简称《管理规程》）,对《管理规程》中的组织管理、运行管理及管理设施等作重点学习内容。常山县对 74 座小型水库的管理单位（或责任主体）、主管单位和监管部门由县政府以文件形式进行公布,明确了各自职责。

　　及时组织学习有关小型水库标准化管理的文件,如验收办法等。使各水库管理单位和主管单位都明确要做什么、如何做。

　　每年县水利局组织全县水库巡查员分批、分期进行培训,并对优秀水库巡查员进行表彰。

3. 基础工作

常山县无水利技术支撑单位，因此对于一些技术要求较高，时间周期较长的基础工作，需委托中介机构进行。主要有测量划界、安全认定、应急预案、控运计划等。选择有相应资质的单位按规定程序进行招标或直接委托。

3.1 测量划界

首先进行地形测量。电子版地形图是水库标准化管理的最基础的资料。根据浙江省水利厅《关于进一步做好水利工程管理与保护范围划定工作的通知》（浙水科〔2016〕6 号）文件，图纸测绘比例建议为 1:2 000 及以上。考虑到除险加固、划界、占用水域及其他行政许可等都要用到地形图，因此测绘比例直接达到 1:500，以免今后重复测绘。借此机会，对库容曲线、水域面积也进行复核，以弥补第一次水利普查等留下的遗憾。库区管理线统一以校核洪水位控制，保护线为管理线外 50 m 或至分水岭；为保证大坝安全，大坝管理线统一以 50 m 控制，保护线为管理线外 20 m。

划界方案分年度报县政府批准并公布。根据划定的管理线、保护线设置界桩、界牌。

3.2 大坝安全技术认定

对于上次大坝安全技术认定间隔达到或超过 10 年的小型水库，需重新进行大坝安全技术认定。由水库主管单位委托具有相应资质的单位编制小型水库大坝安全技术认定综合评价报告，由水利局组建大坝安全技术认定专家组，承担认定工作。小（1）型水库大坝认定结果由衢州市水利局进行核定，小（2）型水库大坝认定结果由常山县水利局进行核定。

3.3 水库安全应急预案

《浙江省防汛防台抗旱条例》第 13 条规定：水库工程管理单位应当编制险情应急处置预案。《管理规程》规定：水库主管部门应组织编制水库安全应急预案。常山县统一规定：小型水库编制水库安全应急预案，内容涵盖险情应急处置等。由县防汛防旱指挥部审批。

水库安全应急预案，一般由水库管理单位或其主管部门委托中介机构编制，有能力的自行编制。

3.4　控制运用计划

控制运用计划由水库管理单位或主管单位组织编制，没能力的也可委托中介机构编制。无闸门调控泄洪的小型水库可适当简化。一般要求在汛期前完成，对于 2016 年列入标准化管理计划的水库，可放宽至主汛期前完成。小型水库控制运用计划报县防汛防旱指挥部、水利局核准。

4．内部管理

内部管理工作主要包括岗位设置、台账管理、管理手册、资金筹措等。

4.1　岗位设置

由水库管理单位或主管单位以文件形式公布岗位设置，包括单位负责岗位、工程管理岗位、工程运行与维护岗位、财务与资产管理岗位及辅助类。乡镇、街道主管的水库管理机构一般由乡镇、村共同组成，水利员兼技术负责。有条件的乡镇、街道也可以统一由物业公司代替管理职责。管理人员（岗位）：小（1）型水库由 3～5 人组成，小（2）型水库由 2～4 人组成。

4.2　台账管理

水库管理单位或主管单位建立日常事务管理和工程运行状态的电子化台账。各种检查表如日常巡查记录表、汛前检查表、年度检查记录表等，统一按《管理规程》附表进行填写。工程档案资料包括水库工程规划、设计、施工资料，安全监测、维修养护资料，历年水雨情资料等。大事记主要记录大坝安全技术认定、除险加固等重大事项，以及科级及以上领导指导、检查水库工作情况等。

4.3　管理手册

管理手册包括制度手册和操作手册。制度手册主要有工程检查、维修养护、运行管理、险情报告等管理制度。操作手册要求符合工程管理实际情况，各项管理事项全面、合理，事项的工作要求、流程、记录明确、合理。管理手册委托中介机构编制范本，然后由各水库管理单位或主管单位根据自己的实际情况进行修改、补充和完善，编制完成每个小型水库的管理手册。

4.4 资金筹措

政府、国有公司以及集体管理的水库,标准化管理工作经费列入年度财政预算。民营企业管理的水库由企业自筹解决资金。

5. 考核验收

考核验收包括自验、正式验收。验收内容分为六大类,分别为机构人员、管护经费、管理基础、运行管理、工程面貌和信息化管理。自验由水库主管单位组织;自验合格后,由水库主管单位向组织验收的水行政主管部门提出正式验收申请。正式验收按规定:小(1)型水库由市水利局组织,小(2)型水库由县水利局组织。县水利局组成验收组,由不少于 5 人的奇数组成。验收合格标准为:六大类验收得分均不低于该类总分的 80%。验收年度内发生安全责任事故实行一票否决。

6. 结语

小型水库标准化管理是项系统工作,要求高,工作量大。学习培训应及时,基础工作要扎实,做到环环相扣,标准化管理办公室要加强技术指导和监督工作,建立检查通报制度。水库主管单位和管理单位要发挥主观能动性,认真做好分步实施的每项工作。只有上下齐动,共同努力,才能真正做好水库标准化管理工作。使水库运行更加安全可靠,真正发挥效益,最大程度保障人民群众生命财产安全。

案例 21 基层水利工程项目信息化管理浅析

我国新时期水利改革发展的总基调是："水利工程补短板、水利行业强监管。"基层水利工程项目信息化管理不到位，是目前面临的主要短板之一。采用信息化管理是项目管理的趋势，尤其迫切需要建立适应小型水利工程项目建设全过程管理的科学、便捷、操作性强的信息化管理平台。

1. 现状存在的问题

基层水利工程以中小项目为主。某县 2018 年近百个水利工程项目中，属于重大项目的仅两个。对于重大水利工程项目，浙江省水利厅自 2018 年 3 月 15 日起，就开始试行重大水利建设项目全过程动态管理平台。但对于大量的小型水利工程项目，相对大中型工程而言，规模小、投资小、工期短，建设管理程序都有较大的简化，其管理工作普遍存在以下一些主要问题。

1.1 项目法人履职困难

水利工程项目采用项目法人负责制、招标投标制、建设监理制和合同管理制，但往往一个项目法人并不是单纯负责一个项目，有的项目法人要同时负责十多个项目甚至几十个项目。基层项目法人受编制限制，人员较少，技术力量薄弱，难以很好地履行职责。加上人员变动频繁，交接工作不能按规定进行，易导致衔接上的脱节，项目建设管理资料也参差不齐。

1.2 参建方技术力量不足

中标的监理单位、施工单位，也不是一对一的负责项目建设管理。有的监理单位是捆绑招标的，同时负责好几个子项目，而项目工序多，环节复杂，隐蔽工程技术问题需要及时处理，对某一项目来说，就造成技术力量的不足，经常是应付式的工作方法。施工单位问题尤其突出，一些单元工程、分部工程等验收资料签字都不及时，"三检制"难以到位。

1.3 资料散乱，存档欠规范

小型水利工程项目在验收中都没有档案专项验收，因此资料比较散乱，参建方缺少专职资料员，对各自在项目实施阶段中形成的档案，没有引起高度重视。施工单位在支付进度款时，往往因为资料问题要拖延个把月，甚至更长时间。有的资料虽然也有扫描件等电子版，但没有系统性归类，存档欠规范。

2. 对策措施

针对基层水利工程项目建设管理方面存在的不足，需要改变传统粗放式管理，对项目进行全过程信息化管理，建立统一管理平台。可以从档案管理功能、统计管理功能和监督管理功能三个层面进行。

2.1 档案管理功能

档案管理功能是项目全过程信息化管理的基础。把项目从规划、前期，到实施、验收等所有环节信息和工作记录，根据工程分类，建立统一的信息管理平台，内容涵盖所有项目和阶段，形成完整、规范的档案资料，可随时补充，随时增减。信息采集可采用直接输入、扫描或链接等方式。

工程分类可按综合类、大中型水库、小型水库、山塘、堤防、水闸、泵站、灌区、农村供水、水文测站、水电站、海塘、圩区及其他类。

项目阶段分为规划、项目建议书、可行性研究、初步设计、施工图设计、施工准备、实施阶段、工程验收及后评价。每类工程可以根据各自特点对阶段作简化，比如中小河流治理，一般没有项目建议书阶段，可行性研究阶段的专题也只有规划选址、水土保持方案、环境影响评价、土地预审及社会稳定风险评估等。小型水库除险加固，一般分为大坝安全技术认定、初步设计、施工图设计、实施阶段、验收及后评价等，而验收工作可简化为分部工程验收、完工检查和竣工验收等阶段。

对某一具体项目，应包含项目法人、设计单位、勘测单位、监理单位、主要设备制造（供应）商、施工单位等各参建方，为本项目形成的所有资料。做到查找方便，并能一键生成所需所有资料。比如小型水库除险加固竣工验收，能自动检索和生成所有应提供和应备查资料，包括竣工验收综合工作报告、完工检查鉴定表、拟验工程清单、质量评定报告、安全技术认定材料、设计文件、竣工图纸、招投标文件、承发包合同、单元工程分部工程质量评定资料、监理资料、原材料及中间产品质量检测资料、竣工决算报告、竣工审计资料等。

2.2　统计管理功能

在档案管理功能的基础上，根据上级报表要求，设置相应的统计报表，可实现统计管理功能，一键生成所需的统计报表。包括各类工程开工项目统计表、工程量统计表（土方、石方、砌石、砼量）、投资完成情况以及安全生产信息统计表等。

根据前期及实施阶段的月报等，可随时统计累计完成投资及工程量，以及项目政策处理等情况。

通过链接，可以对接如全国中小河流管理系统、河道治理项目管理系统、浙江省投资项目管理系统等其他系统平台，实现数据上报。

2.3　监督管理功能

由于系统真实地反映了项目全过程的动态情况，信息全面，同时可链接视频监控系统等其他监管平台，因此可实现监督管理功能，实现项目建设管理的无纸化办公。

比如，监理单位可以根据施工单位单元质量自评的基础上，及时进行复核；质量安全监督机构可以在分部工程施工单位自评合格，监理单位复核的基础上，及时进行核备，等等。

水行政主管部门可以随时查看项目形象进度、完成投资等实时情况，与计划对比就能判定工期是否延误，投资是否完成，达到规范和落实质量行为、安全与进度控制、资金管理、作业流程等监督管理目的。

在调用有关资料数据时，可按要求设置审批权限，保证信息安全。

3. 结语

基层水利工程项目采用信息化管理，可以有效解决普遍存在的技术力量薄弱问题，大大提高项目建设管理水平。水行政主管部门可以利用信息化管理平台，及时掌握项目建设动态，有针对性地开展监督管理工作，促进项目建设管理的"规范化、信息化和阳光化"，实现智慧管理。

案例 22   城防工程质量监督

城市防洪工程线长面广，验收工作量大，工艺要求高。为了把好质量关，工程指挥部设立专职质量检查机构，并从完善质量管理体系、隐蔽工程验收、原材料试验检测、施工质量抽验等方面着手，建立了一套严格的监督管理制度，确保工程质量。

常山县城位于钱塘江上游，北有常山港，南有南门溪，历来受山溪性洪水暴发影响较大，是一座全省闻名的对洪水不设防城镇。现有防洪能力不到 5 年一遇洪水标准，严峻的防洪问题已制约经济和社会的发展。为此，县委、县政府决定不惜一切代价实施城市防洪工程。该工程于 1998 年 11 月破土动工。

一期工程防洪堤总长 2.81 km，分七个标段，其中南门溪三个标段，常山港四个标段。城防工程事关人民生命财产安全，只有切实保证工程质量，才能真正造福社会。作为城防工程质监组成员，就本工程的质量监督谈些体会，供同行参考。

1. 完善质量管理体系

为确保城防工程的建设质量，常山县城市防洪工程指挥部设立了专职的质量检查机构——工程技术与工程建设监督组，并由衢州市水利水电工程质量监督站进行工程质量监督。督促各标段的施工单位配备相应人员，建立健全质量保证体系。

为适应工程建设需要，把好质量关，指挥部又专门成立了由工程技术人员组成的施工质量管理小组，常山港、南门溪两个施工段明确了施工质量管理责任人，各标段明确施工质量管理责任人。为进一步强化各施工企业质量意识，规范工程建设行为，指挥部建立了"施工质量定期检查和评议制度"，邀请市质监站、市水利设计院、县建设局有关人员参加。

市质监站根据该工程线长面广、验收工作量大、工艺要求高的实际，组建了由市质监站质监人员、指挥部技术与质检负责人及市水利设计院设计人员组成的项目质监组，具体实施该工程的质监工作。规定所有基础开挖、重要的隐蔽工程验收，质监组人员必须参加，主要结构部位和重点隐蔽工程，市质监站派员参加。市质监站还把根据本市实际，参照部颁有关规程规范编制的《衢州市堤防工程施工技术要求和质量检查评定办法》，首先在常山县城防工程颁发推行，使各有关质检人员有了一套施工质量检查与评定的易于操作的依据。质监组还不定期针对施工中出现的问题开展质监活动，提出质监整改意见，下发各有关单位实施。

对施工单位，指挥部要求按投标时承诺的设备和人员切实到位。施工过程中根据需要，质监组及时督促施工单位进一步完善质量保证体系，每个标段要明确该项目技术负责人、质检负责人，落实 1～2 名有相应资质、有一定业务水平和管理能力的专职质检人员，明确其应履行的职责和应负的责任。验收工程必须由质检人员参加签证。

本工程还专门设立质量监督举报电话，接受社会监督。

2. 严格工程验收制度

2.1　基础开挖验收

施工单位在完成基础开挖并具备验收条件（指满足设计尺寸、高程并排干积水、出露建基面）时，及时通知指挥部相应标段施工组质检人员，同时提交《主体工程基础验收证书》申请验收。验收工作由建设方召集设计、质监、地质人员进行，由地质人员进行地质鉴定、编录及签署地质鉴定意见；建设、设计、质监人员根据验收情况签署验收意见。

基础开挖验收合格后，方可进行基础砼浇筑或砌石工作。

2.2　隐蔽工程验收

基础浇（砌）筑、背水坡回填、挡墙砌石前、堤坝清基完成进行填筑前，及护坡面修整完毕砌石前，施工单位均应做好自检记录并提交《隐蔽工程验收合格证》申请验收。未经验收签证的项目一律不得隐蔽（包括浇砼、砌石、填筑等），擅自隐蔽的项目视情节予以处理，并取消评优资格。

（1）基础块验收应确保浇（砌）筑前对地下水或地表水已作妥善引排或封堵。

（2）背水坡回填验收着重检查是否已清除开挖边坡原塌方和松动的土方、排水管是否已按规定埋设或包扎，以及砌体背水坡面抹浆平缝是否完成。

（3）堤坝清基验收着重检查验收范围内洞穴、沟渠、树根是否已按要求处理。

（4）《隐蔽工程验收合格证》由施工单位专职质检人员根据自检情况填写，由项目技术负责人签字后，提交建设方申请验收。该项验收工作由指挥部施工监督组结合所验标段的指挥部质检人员共同进行，签署会签意见。

3. 加强试验检测工作

3.1 原材料检测

要求施工单位严格控制原材料质量，及时进行原材料的自检试验，对不合格材料要及时处理。质监部门根据情况进行随机抽检，对发现隐瞒不报及使用不合格原材料的施工单位，视情节予以处罚，直至勒令停工整顿。原材料检测重点抓好几个方面：砂料、粗骨料的含泥量；水泥的安定性、强度；块石的强度、风化程度、完整性等。

3.2 砼试验

要求施工单位做好每个工作班的砼施工日记和制模记录，对每个浇筑块根据《水工混凝土试验规程》制作 1～2 组 28 d 龄期砼试块，并根据需要增做 7 d 龄期砼试块。每个标段的施工单位至少配备一只坍落度筒，由质检或试验人员随时进行抽检试验，并将试验结果记录于砼施工日记中。

4. 进行施工质量抽检

工程指挥部组织有关专家和工程技术人员不定期对城防工程各个施工阶段进行抽检，进一步强化质量意识，规范工程建设行为，落实工程质量责任，自觉把好质量关，严格按工程技术规范标准施工，及时发现质量问题，提出相应措施，责令按时整改到位。对施工中碰到的突出质量问题，逐个剖析原因，找出问题症结，提出解决办法，发现一个解决一个，防患于未然。各施工企业相互借鉴，吸取教训，共同促进工程质量的提高。

5. 及时进行工程质量等级评定

每进行完一项施工项目，如基础开挖、砼浇筑，市质监站就组织质监组成员和各标段甲乙双方质检员，根据工程施工情况按照部颁"单元工程质量等级评定标准"，如实评定每个单元工程的质量等级，评定过程中及时提出存在的问题及整改意见，促进施工质量的提高。

6. 制定违规处罚措施

通过适当的经济处罚，建立强有力的约束处罚机制，加大对劣质工程治理力度。工程指挥部采纳了市质监站提出的建议，明确规定了对违反施工管理规定和技术规范的施工行为的处罚办法。

（1）发现浆砌部分有 5 cm×5 cm×10 cm 的空洞或块石砂浆粘结面少于98%的每一洞穴或每一块石，处以罚款 500 元。

（2）对砼不符合要求，砼标号抽样测试达不到设计要求的，处以罚款 5 000元，并立即无条件返工。

（3）对块石质量达不到设计要求的，处以罚款 500 元。

（4）对已施工的工程发现块石小于 15 cm×15 cm×15 cm、集中面大于0.5 m² 的，处以罚款 500 元。

（5）砂料含泥量超标继续使用的，一经发现，除废弃所有不合格材料及拌和物外，处以罚款 500 元。

（6）砼拌和中，砂和石子不分级，不按设计标号控制级配的，除立即改正外，处以罚款 500 元。

（7）施工技术资料不齐全或擅自篡改原始资料的，处以罚款 200 元。

罚款通知书由县城防工程指挥部签发，并同时收取违规罚金。

7. 结语

常山县城市防洪工程开工半年多来，在参建各方的努力下，一期工程的砼基础浇筑、挡墙砌石及堤坝填筑已基本完成。工程指挥部质量管理小组始终严把质量关，尤其对块石、砂石料、水泥等主要原材料严格把关，不定期抽检测试，对不符合要求的一律作报废处理。砼浇筑、块石砌筑均有专人旁站监督，对存在的质量问题及时纠正，并根据情节予以经济处罚，避免工程留下隐患。质监组通过不定期的检查，认为各施工质量检验资料均较为齐全，并对已完成的基础开挖和基础砼两个分部工程进行了质量评定，均无不合格单位工程。基础开挖共 82 个单元工程，其中优良 79 个，优良率 96.3%；基础砼共 89 个单元工程，其中优良 65 个，优良率 73.0%。

案例 23   "不老泉"占用水域审批

《浙江省建设项目占用水域管理办法》(2006 年省政府第 58 次常务会议通过,2011 年省政府第 293 号令修正)规定:建设项目占用水域,按照基础设施建设项目和非基础设施建设项目实行分类管理。从严控制房地产开发、商业旅游开发等非基础设施建设项目占用水域。非基础设施建设项目一律不得占用重要水域。基础设施建设项目一般不得占用重要水域;确需占用的,应当依照本办法的有关规定办理审批手续。

1. 项目背景

常山县不老泉旅游休闲养生养老基地项目是经县服务业项目决策咨询领导小组决策(常服纪要〔2013〕5 号),符合服务业发展导向,并经县发展和改革局备案(常发改备〔2013〕77 号)的项目。项目规划面积 1 100 亩,分三期实施,总投资 10 196 万元。

项目位于白石镇新塘岭村樟坞山塘,占用山塘库区水域面积 1 543 m²,占用水域容积 315 m³。樟坞山塘总容积 5 万 m³,是一座以灌溉为主的山塘,根据《浙江省建设项目占用水域管理办法》规定,山塘为非重要水域(10 万 m³以上的水库为重要水域)。

2. 占用水域审批

2.1 审批程序及权限

《浙江省建设项目占用水域管理办法》第十七条规定,申请建设项目占用水域,应当提供下列材料。

(1)建设项目占用水域的情况,拟采取的替代水域工程或者功能补救措施方案;

(2)涉及占用行洪、排涝、供水、灌溉、航道等水域,对水域功能产生较大影响的,应当提供占用水域影响评价报告。

非基础设施建设项目占用非重要水域的审批权限如下。

非基础设施建设项目占用非重要水域面积 3 000 m² 以上的，由县级水行政主管部门初审后，报省水行政主管部门批准。其中，涉及占用市级河道或者跨市所属县级行政区域的水域的，由市水行政主管部门初审；涉及占用跨市行政区域的水域的，直接报省水行政主管部门审批。

非基础设施建设项目占用非重要水域面积 3 000 m² 以下的非市级河道，由县级水行政主管部门审批。

不老泉旅游休闲养生养老基地项目属非基础设施建设项目，占用樟坞山塘库区水域面积 1 543 m²，为非重要水域，并小于 3 000 m²，因此由县级水行政主管部门审批。

水行政主管部门对建设项目占用水域进行审查时，应当依法组织听证，听取利害关系人和社会公众的意见，论证其合理性和可行性。

2.2　占用水域影响评价

项目单位委托工程咨询单位编制了《占用水域影响评价报告》。水域面积以县人民政府批准的《常山县 2017 年度水利工程标准化管理小型水库和山塘管理范围和保护范围划定方案》为准，樟坞山塘水域面积约 2.18 万 m²。根据实测地形图量算，共占用水域面积 1 543 m²。

2.2.1　功能补救措施方案

在库尾进行水域拓宽补偿，补偿水域面积 2 559 m²，大于占用水域面积，新增水域面积 1 016 m²；补偿水域容积 1 535 万 m³，大于占用水域容积 315 m³，新增水域容积 1 220 万 m³。

2.2.2　占用水域影响评价

山塘以灌溉为主。项目建设不改变山塘集水面积、主流长度等特征，入库径流量没有改变。建设项目占用水域和容积大部分在正常蓄水位以上，且通过补偿水域面积，不影响山塘灌溉功能的发挥。在灌溉期，项目与灌溉会存在一定的矛盾，应优先保证下游农田灌溉需要。

县水行政主管部门对项目占用山塘水域及时进行了批复，并指出补偿水域面积应纳入山塘的管理范围进行管理。要求落实防汛责任人，服从防汛调度。

常山县不老泉旅游休闲养生养老基地项目占用水域，按规定履行了审批手续，取得了较好的成绩。该项目 2017 年被命名为"浙江省生态文化基地"，2019 年被命名为"浙江省森林氧吧""浙江省森林休闲康养基地""国家森林乡村"，是国家 3 A 级旅游景区。

案例 24 在建工程违法采砂案件

为进一步推进"五水共治",加强河道管理,保护生态环境和人民群众生命财产安全,2015 年 6 月 29 日,常山县人民政府以"常政发〔2015〕35 号"文件公布常山县人民政府《关于全面禁止河道采砂的公告》,规定:从 2015 年 7 月 1 日起全面禁止河道采砂。

1. 工程概况

常山港治理二期工程,项目于 2017 年 11 月,由浙江省发展和改革委员会以"浙发改设计〔2017〕96 号"批复初步设计,概算总投资 8.808 3 亿元。该工程列入《浙江省水利发展"十三五"规划》。

工程任务以防洪为主,结合排涝、灌溉及改善生态环境等综合利用。新建及加固堤防、护岸共 37.15 km,其中新建及加固堤防 28.875 km,新建护岸 8.275 km,堤防生态化改造 12.06 km,沿江新建排涝涵闸 6 座,穿堤箱涵 5 处、排涝涵管 21 处,重建灌溉机埠 11 座,新建堰坝 4 座,改造堰坝两座,新建机耕桥 3 座。工程分 20 个施工标段,其中管理设施和自动化监控两个标。2018 年起全面开工建设。

常山港治理二期工程何家堤二标段,全长 2 970 m,于 2018 年 1 月 12 日在常山县公共资源交易中心公开开标,中标价为 2 079.95 万元。其中防洪堤部分土方开挖量 20.12 万 m³,土方回填量 9.57 万 m³。

2. 违法采砂案件始末

近年来,受河道禁采、环保整治等政策的影响,砂石短缺的风暴席卷各地。而常山县开始规范制石制砂行业、对砂石资源归集管理之后,该县及周边地区的建筑用砂价格更是暴涨,大有"黄砂百战穿金甲,不破天价誓不还"的态势。在暴利的驱动下,何某某等人就将黑手伸向了被业内称为"软黄金"的河砂,当起了"砂耗子"。

"百万工程百万砂"这是曾经在水利行业非常流行的一句话。从未接触过水利行业的何某某等人想到何家堤二标段区域河砂储量及品质极高,马上打起了小算盘，使出浑身解数承揽了该项目。

碧水青山的堤坝风光，是常山港的一道美丽风景线。然而何某某这个"施工"团队却借助施工之便，利用夜晚变身为"砂耗子"，在河堤上肆意盗挖，"采""运""收"——"一条龙"。

2019 年 6 月下旬，常山县采砂办多次接到举报后，经数日的追踪、蹲守，于同年 7 月 2 日凌晨现场查获了一驾驶员包某某正外运砂石，随后对其进行了处罚。

但这次处罚并未能有效震慑住"砂耗子"，新一轮的盗采很快就开始了。2019 年 8 月中旬开始，何某某等人做了更周密的谋划，数人轮流盯梢采砂办的执法人员和车辆，去盗采区域必经的几个路口也都安排了人望风。

执法人员连续几个凌晨的突击执法都无功而返。面对这一困境，执法人员采用分头驾驶私家车多路出击的方式，于 2019 年 8 月 20 日凌晨再次现场查获并扣留盗采人员和车辆。次日，执法人员在对案涉路段监控视频查看后，方才揪住了何某某这伙"砂耗子"的尾巴。

常山县检察院接到县采砂办的反馈后，立即派员提前介入该案，并与县公安局、采砂办第一时间成立联合专案组。承办检察官对案情初步研判后，建议从运输、销售河砂的人员、车辆等中间环节入手，进而追踪上游的盗采黑手和下游的销赃对象。

公安机关立案侦查后，承办检察官先后 6 次参加案情交流会引导侦查，并对盗采现场用无人机进行航拍勘查。同时，在对何某某等 5 名主犯批准逮捕后，梳理出 20 余条继续侦查的意见，建议公安机关彻查盗采的时间点、人员、资金流向等，并深挖背后可能隐藏的包庇、妨害作证等问题。最终，专案组成功端掉了这个组织严密、集望风—采挖—运输—收购一体化的四十余人"砂耗子"团伙。

案件移送审查起诉后，针对何某某等人事先串供、拒不认罪的情况，检察官抓住其供述的漏洞，结合详实的证据，逐一突破其心理防线，何某某等 5 名主犯最终都选择认罪认罚，如数退出违法所得。庭审当天，检察机关的精准量刑建议也全部获得法院支持。

2020 年 6 月 11 日下午，由常山县人民检察院提起公诉的，在钱塘江治理二期常山港何家堤二标段非法采砂团伙的何某某等 5 名主犯，被法院判处有期徒刑二年至三年（部分缓刑），并处罚金 8 万元至 25 万元不等。认定犯罪金额最高的为 67 万元。

检察官说："修缮水利工程本是一件好事，但几位被告人利欲熏心，为牟取暴利，罔顾砂石禁采制度以及监管部门的告诫，顶风作案，造成了极为恶劣的影响，必须予以严惩。"

3. 几点思考

（1）在建工程违法采砂具有其特殊的隐密性。违法人员利用开挖、回填砂石料数量大的特点，采用"偷梁换柱"的方法，把好的砂石料偷偷采挖、超挖并销售，再把其他土方回填至设计开挖断面，"躲过"了层层验收关，也不影响工程量结算。时间上，安排在无人施工监督的夜间进行。要求参建各方应洁身自好，加强监督，避免违法事件发生。

（2）河堤的砂石层本是经过长时间自然形成的稳定结构，非法采砂的行为会使堤坝失稳，无形当中形成了安全隐患，洪水来临时极可能发生堤岸坍塌、决堤现象。鉴于工程的特殊性，应严格按设计要求及施工规范进行施工，杜绝超出设计范围外的非法盗采，确保工程质量。

（3）案件的成功侦破及判决，震慑作用极大，堪称衢州市"在建工程违法采砂第一案"。下一步，执法部门、司法机关将坚持不懈地向破坏生态环境、水利工程的行为亮剑，形成风清气正、人人守法的良好氛围。

案例 25　河道划界

河道划界即划定河道管理范围及保护范围。目的是加强河道管理，保障防洪安全和排涝通畅，改善水生态环境，发挥河道的综合功能。

1. 法律法规依据

1.1　中华人民共和国水法

［第四十三条］国家所有的水工程应当按照国务院的规定划定工程管理和保护范围。

国务院水行政主管部门或者流域管理机构管理的水工程，由主管部门或者流域管理机构商有关省、自治区、直辖市人民政府划定工程管理和保护范围。

前款规定以外的其他水工程，应当按照省、自治区、直辖市人民政府的规定，划定工程保护范围和保护职责。

1.2　中华人民共和国防洪法

［第二十一条］有堤防的河道、湖泊，其管理范围为两岸堤防之间的水域、沙洲、滩地、行洪区和堤防及护堤地；无堤防的河道、湖泊，其管理范围为历史最高洪水位或者设计洪水位之间的水域、沙洲、滩地、行洪区。

流域管理机构直接管理的河道、湖泊管理范围，由流域管理机构会同有关县级以上地方人民政府依照前款规定界定；其他河道、湖泊管理范围，由有关县级以上地方人民政府依照前款规定界定。

1.3　中华人民共和国河道管理条例

［第二十条］有堤防的河道，其管理范围为两岸堤防之间的水域、沙洲、滩地（包括可耕地）、行洪区、两岸堤防及护堤地。

无堤防的河道，其管理范围根据历史最高洪水位或者设计洪水位确定。河道的具体范围，由县级以上地方人民政府划定。

1.4　浙江省河道管理条例

[第十八条] 有堤防河道的管理范围为两岸堤防之间的水域、沙洲、滩地（包括可耕地）、行洪区以及两岸堤防和护堤地。

平原地区无堤防县级以上河道的管理范围为两岸之间水域、沙洲、滩地（包括可耕地）、行洪区以及护岸迎水侧顶部向陆域延伸不少于五米的区域；其中重要的行洪排涝河道，护岸迎水侧顶部向陆域延伸部分不少于 7 m。平原地区无堤防乡级河道的管理范围为两岸之间水域、沙洲、滩地（包括可耕地）、行洪区以及护岸迎水侧顶部向陆域延伸部分不少于 2 m 的区域。

其他地区无堤防河道的管理范围根据历史最高洪水位或者设计洪水位确定。

河道的具体管理范围，由县（市、区）人民政府根据规定标准和要求划定并公布。其中，省级河道的管理范围在公布前应当报省水行政主管部门同意；市级河道的管理范围在公布前应当报设区的市水行政主管部门同意。

1.5　浙江省水利工程安全管理条例

[第二十七条] 县级以上人民政府应当依照本条例规定，根据水利工程所处的地质条件、工程结构、工程规模、安全需要和周边土地利用状况，对本行政区域内水利工程划定管理范围和保护范围，设置界桩和公告牌。任何单位和个人不得擅自移动、损坏界桩和公告牌。

下列水利工程的管理范围和保护范围，按照以下标准划定：

（七）一级堤防的管理范围为堤身和背水坡脚起二十米至三十米内的护堤地，二、三级堤防的管理范围为堤身和背水坡脚起十米至二十米内的护堤地，四、五级堤防的管理范围为堤身和背水坡脚起五米至十米内的护堤地（险工地段可以适当放宽）；堤防的保护范围为护堤地以外的三米至十米内的地带。

前款规定以外的水利工程是否划定管理范围与保护范围以及范围的具体标准，由县级以上人民政府按照国家和省有关规定，参照前款决定。

[第二十八条] 大型水库、大型水闸、东苕溪右岸西险大塘、钱塘江北岸堤塘和南岸萧绍堤塘以及跨设区的市的水利工程管理范围和保护范围，由工程所在地设区的市或者县级人民政府根据本条例第二十七条的规定提出划定方

案，经省水行政主管部门审核后，报省人民政府批准。

前款规定以外水利工程的管理范围和保护范围，由设区的市或者县级水行政主管部门根据本条例第二十七条的规定，按照管理权限提出划定方案，报本级人民政府批准。

2. 河道最小堤距控制

由于受财力、人力及自然因素等各种条件限制，河道治理远远不能满足人民对美好生活的需求。根据 2015 年 3 月印发的《钱塘江流域综合规划》，衢江河段规划堤防总长度 223.4 km，其中已达标长度仅 40.8 km，只占 18.26%，待建（加固）长度达 182.6 km。对于待建（加固）河段，控制最小堤距是河道划界的关键所在。

常山县县级及以上河道共 6 条，即"一港四溪"及球川溪。其他乡镇级河道主要有：菱湖溪、里山溪、马车溪、大坑溪、官塘溪等。

2.1 常山港干流最小堤距控制

常山港属市级河道。

常山港是常山县境内最主要河流，境内小流域（除球川溪）均汇水于常山港。常山港发源于安徽省休宁县青芝埭尖北坡。自西北流入浙江省开化县境内，南行纳各支流至华埠镇与池淮溪汇合后称为常山港，至衢州双港口和江山港汇合后称衢江。常山港右岸小流域有石门坑水、黄冈水、龙绕溪、南门溪、程村水、马车溪、里山溪、大坑溪、官塘溪、箬溪等；左岸小流域有菱湖溪、枧头溪、渣濑湾水、虹桥溪、芳村溪、大弄坑等。

根据《钱塘江流域防洪规划》，常山港干流最小控制堤距见表 3-1。

表 3-1 常山港规划最小堤距

河段范围	最小堤距/m
开化县城区	140~170
长风—胡家淤	200
胡家淤—汪家淤	210
汪家淤—衢州双港口	270

2.2　其他主要河道最小堤距控制

县级河道有龙绕溪、南门溪、虹桥溪、芳村溪和球川溪。其余为乡镇级河道。

芳村溪是常山县汇入常山港的最大一条支流。芳村溪上游有西源和东源，东源发源于芳村镇新桥与淳安县界上的昌湾尖（海拔 1 342.4 m）；西源称芙蓉溪，发源于芙蓉岭。常山县境内最高的白菊花尖（海拔 1 394.7 m）也在其境内。主流东源溪，经横山路、新桥、前庄畈、毛良坞等地，汇入芙蓉水库；芙蓉溪经西岭脚、半源、前旺等地，也汇入芙蓉水库；芙蓉水库坝后继续南行经芳村、大桥头，沿途有前溪、上源溪等溪水加入，在招贤镇象湖村浦口汇入常山港。芳村溪集水面积为 354 km²，主流长 50.6 km，河道比降 5.7‰，其中芙蓉水库控制集水面积 126 km²。

虹桥溪发源于常山县新昌乡的祝家源，上游有三源，西源称棚桥溪，中源称东鲁溪，东源为豺里溪。主源豺里溪，经铜山、达塘口、豺里、龙头、东山根，在双溪口与东鲁溪、棚桥溪汇合后，经米屯坝、松香门，流入狮子口水库。出库后与达坞溪汇合向东，经莲塘、山溪边、虹桥、山头，在塘边汇入常山港。虹桥溪集水面积为 131.7 km²，主河道长 33 km，平均坡降 3.82‰。

南门溪发源白石镇羊角西山，经官家、江家坝、石坝、袁青口、安山坝、阴山底、二都桥、周塘，与龙潭溪汇合后，经金川门堰坝，进入县城主城区，在蒲塘口附近汇入常山港。南门溪集水面积 180 km²（其中江山市境内 57.7 km²），主流长 25 km，河道比降是 2.51‰。

龙绕溪发源于球川镇东坑村桐坞，流向东南，从九都村起折向东北，经龙绕、冯家滩、彤弓山、杜亭畈、关庄桥、伏江、大麦淤、上蒋，在倪溪桥下汇入常山港，龙绕溪集水面积 125.6 km²，主流长 31.5 km，河道比降是 3.24‰。

球川溪，发源于浙、赣两省交界的紫坑岭，由西北向东南，经乌麦田、荷家坞、千家排水库、球川，转向西南，经杨家、曹宅、西村，至廖家出浙江省境，流入江西省玉山县，汇入信江正源金沙溪。常山县境内长 16.85 km，流域面积 43.35 km²，平均坡度为 13.36‰，自然落差 410 m。该溪上建有千家排水库，并建成跨流域引水工程，即千红总干渠引水工程，从鄱阳湖水系调往钱塘江水系。

根据《常山县小流域、农村河道综合整治规划》，主要河段堤防最小控制堤距见表 3-2。

表 3-2 县、乡级主要河道最小堤距规划

河流	起讫地点		规划堤距/m
	起点	讫点	
芳村溪	芳村	上源溪汇合口	70～140
	上源溪汇合口	河口	100～160
虹桥溪	狮子口水库	湖边村	35～45
	湖边村	河口	40～55
前溪	新昌乡	大坞蓬	30～40
	大坞蓬	芳村汇合口	40～50
芙蓉溪	东坞	西岭脚	10～15
	西岭脚	芙蓉水库尾	15～35
豺里溪	豺里	双溪口	15～40
菱湖溪	菱湖	辉埠镇	10～25
	辉埠镇	汇合口	25～35
里山溪	外桥亭	凤凰山	15～25
	凤凰山	常山港汇合口	20～30
马车溪	彭家山	砚瓦山	10～18
	砚瓦山	马车	15～30
	马车	汇合口	30～45
球川溪	千家排水库	省交界处	30～35
龙绕溪	九都	大麦墩	25～30
	畈头村	汇合口	40
南门溪	下涓村	毛家山	30～40
	毛家山	龙潭溪汇入口	40
	山背岭	南门溪河口	50
龙潭溪	下周塘上游	新 320 国道桥	35～40
	新 320 国道桥	汇入口	40～50

3. 河道划界中的几点注意事项

（1）现状河宽大于规划堤距的河道，应保留天然河岸线，不得缩窄；河宽不满足规划堤距的河道，应对该段河道进行拓宽，能宽则宽。不能简单地根据河道规划最小堤距，划定河道界线，使河道变成渠道一样。

（2）充分考虑洪水走向等河道实际情况进行划界，不得任意改道。

（3）已建堤防河段根据堤防河道管理范围进行划界；未建但有规划堤距的河道根据规划控制最小堤距及实际情况，参照有堤防河段进行划界；无堤防河段根据历史最高洪水位或者设计洪水位确定管理范围，进行河道划界。

（4）历史最高洪水位，可参照1998年实测洪水位。1998年洪水，是新中国成立以来，常山港实际发生的最大流域性洪水，洪水重现期达到20年一遇标准，属大洪水级别。主要沿线断面实测洪水位见表3-3（水位为黄海高程系）。

表3-3　常山港、芳村溪"1998.07.23"实测洪水位

序号	常山港断面	洪水位/m	序号	芳村溪断面	洪水位/m
1	文图	104.92	1	芳村前溪	112.15
2	长风水文站	101.28	2	芳村芦山庙	110.66
3	湖口	100.26	3	洁湖	105.86
4	煤山	96.87	4	桥坑大桥	102.92
5	何家	94.65	5	西昏	100.14
6	胡家淤	93.46	6	赤山	97.99
7	陈家	91.74	7	蒙淤	95.71
8	常山（二）站	89.70	8	马初堰	92.03
9	县城渡口	88.50	9	马初电站	87.66
10	富足山大桥	87.57	10	大桥头乡	84.09
11	五里亭	85.59	11	新村堰	81.21
12	溪口	82.36	12	鸡头山	80.81
13	阁底	81.97	13	山底	78.16
14	杨家埠头	81.42	14	浦口	78.13
15	象湖	78.43	15	浦口电站	78.04
16	李家淤	78.00			

序号	常山港断面	洪水位/m	序号	芳村溪断面	洪水位/m
17	招贤	77.75			
18	大溪沿	77.26			
19	官庄	74.46			

（5）河道划定管理范围或保护范围界线，即"水利蓝线"，是涉河涉堤审批的重要依据，也是规划选址红线划定的前提条件。水利部门应及时提请政府批准公布，并与相关部门做好衔接工作。

案例 26　水资源安全保障

全球人口增加导致用水需求扩大，家庭和工业用水又进一步加重用水需求，气候变化还加剧了全球水资源短缺形势。

2014 年，习近平总书记提出了"节水优先、空间均衡、系统治理、两手发力"的新时期治水思路，赋予了新时代治水的新内涵、新要求、新任务，为科学认识水问题提供了全新的视角。

1. 水资源特点

南方地区水资源丰富，但不平衡不匹配，在浙江尤为明显。从时间分布上看，降水集中在梅雨期和台汛期，70%的水资源形成洪水排入大海，无法有效利用，秋冬季降水偏少，容易出现季节性旱情；从空间分布上看，杭嘉湖、宁绍地区人口稠密、经济发达，经济总量占全省2/3，而水资源只占全省1/5，水资源供需矛盾日益显现，尤其是优质水短缺问题较为突出，以嘉兴、舟山为例，优质水库水供给严重不足。

常山县多年平均降水量达 1 845 mm。但由于时空分布很不均匀，降水一般都在梅汛期（4—7 月），约占全年的 64%。如常山港 2020 年第 3 号洪水，72 h 洪量就达 4.52 亿 m³。每年的 6—7 月，易形成洪水。

2. 水资源现状

浙江省多年平均水资源量为 955.41 亿 m³，按单位面积计算的水资源量较丰沛，平均单位面积水资源量为 92 万 m³/km²，仅次于台湾、福建、广东，居全国第四位；耕地亩均水资源量约为全国平均值的 1.9 倍，在全国属水资源较为丰沛的地区；但人均水资源量只有 2 100 m³，略低于全国平均数 2 200 m³。随着人口的增加，人均水资源量呈逐年减少趋势，丰枯水平略有摆动，2000 年为 2 158 m³，2002 年偏丰年份达到 2 710 m³，2003 年干旱年份约为 1 042 m³，远低于联合国确定的人均水资源警戒线 1 700 m³，全省部分地区发生"水荒"。

分析多年来部分地区暴露的供水紧张现象，"资源型缺水""水质型缺水""工程型缺水"兼而有之。近年来通过修建跨流域调水工程及水权交易等，大部分"资源型缺水"都得到了解决；通过"五水共治"，水质明显改善，"水质型缺水"也明显改观。南方地区缺水一般以"工程型缺水"为主。

常山县多年平均水资源量为 12.92 亿 m^3，但截至 2019 年年底，所有水库、山塘等总蓄水量仅 1.82 亿 m^3，占多年平均水资源总量的 14% 左右。因此，农田灌溉期 7—9 月仍然存在较大灌溉矛盾。

3. 防洪安全存在的主要问题

3.1 现状防洪标准与规划防洪标准问题

常山港防洪标准是基于上游密赛水库建成后的标准，县城防洪工程实际按20 年一遇洪水标准实施，待密赛水库建成后达到 50 年一遇标准。常山港沿岸建制镇的防洪标准，根据《钱塘江流域综合规划》要达到 20 年一遇洪水标准，但实际上也是按近期 10 年一遇洪水标准实施的，密赛水库建成后才能达标。因此，近期都不能达标，现状防洪标准没有达到规划防洪标准，造成设计洪水标准来临时，防洪工程不能抵御而导致险情的状况。上马密赛水库，还遥遥无期，目前上游正在准备建设的开化水库（控制集水面积 233 km^2），防洪库容比密赛水库（控制集水面积 797 km^2）要小，建成后也难以达标。

然而，洪水不等人。2011 年"6·19"洪水，常山港主要支流南门溪出现了 20 年一遇的洪水，洪峰流量约 1 200 m^3/s，出口段经过县城主城区，造成严重洪涝灾害。2011 年"6·15"洪水，属常山港全流域洪水，常山（三）站洪峰流量约 5 420 m^3/s，超过 10 年一遇洪水标准，造成流域性严重洪涝灾害。

3.2 青石镇集镇防洪问题

常山港经过近 20 年的治理，包括城防工程、常山港治理一期、二期工程，县城已达到 20 年一遇防洪标准，沿线主要集镇辉埠镇、招贤镇等也达到 10～20 年一遇防洪标准。然而青石镇集镇仍是基本不设防城镇。当控制全流域的常山（三）站，即常山水文站，水位到达保证水位 84.00 m 时，青石镇集镇水位到 80.00 m 以上，集镇即开始进水；而 5 年一遇洪水位青石镇集镇处在 80.80 m 左右。常山港 2020 年第 3 号洪水，接近 10 年一遇标准，青石镇集镇处洪水位达到 81.40 m，受淹深度达 1.4 m。

青石镇位于常山县城东郊，镇政府所在地溪口，距县城 5 km，东西有 320国道贯穿全镇 7 个行政村，南北有 048 省道连接 5 个行政村，杭金衢高速公路和九景衢铁路穿镇而过,高速公路汇通口就在镇内。全镇地域面积 78.7 km²,下辖 18 个行政村,人口 3.61 万(2019 年),是常山县第三人口大镇,全镇耕地面积 16 356 亩,林地面积 35 118 亩。

青石镇是中国青石花石之乡,中国常山胡柚祖宗地,常山国家地质公园四大景区之一,镇域经济特色比较明显。工业主要围绕石头做文章,全镇青石、花石、观赏石储量 2.4 亿 m³,青石年产值 1 亿元,花石、观赏石年交易额 6 000 万元以上,县级规模以上工业企业 4 家,年产值近亿元。

青石镇集镇是常山县唯一的不设防城镇,因此在"十四五"期间应着重解决青石镇集镇防洪问题。

4. 居民生活用水问题

4.1 城乡供水现状

目前,常山县有完善的水处理设施、生产合格生活饮用水的水厂有 3 家,即箬岭水厂、后坊水厂和千家排水厂。供水管网总长度达 241 km。

箬岭水厂 2007 年开工建设,2010 年投入使用,作为我县主城区重要供水源,也是我县城乡供水一体化工程(芙蓉引水工程)的重要组成部分,原设计总规模为 10 万 t/d,目前建成一期工程,供水规模 5 万 t/d。水源取自芙蓉水库,源水水质达 Ⅱ 类以上。供水范围为城区 3 个街道、辉埠镇及工业新区、新都工业园区、青石镇、同弓乡、何家乡等,服务人口约 12 万。

后坊水厂 1993 年开工建设,2000 年投入使用,水源取自常山港,源水水质达 Ⅱ 类以上,供水能力为 3 万 t/d。2010 年箬岭水厂通水后停止使用(作为备用水厂使用),2014 年启动提升改造,制水设施改造及绿化等配套工程于2015 年底前完成。

千家排水厂一期工程于 2003 年建成,后于 2010 年完成升级改造,供水能力扩容至 1 万 t/d。水源取自千家排水库,源水水质达 Ⅱ 类以上。目前供水范围为球川老集镇、红旗岗新区及龙绕片区、省三监、白石镇等,服务人口约3.2 万人。

另外还有两处水厂(农村饮用水安全工程项目):一是宋畈水厂,供水能力为 2 400 t/d,受益范围约 1.48 万人,目前由辉埠镇负责管理运营;二是芳村水厂,供水能力为 6 000 t/d,受益人口约 2.36 万,涉及芳村镇、新昌乡两个乡镇。

4.2 存在的主要问题

随着我县工业经济的快速发展以及东部新城的开发和新农村建设的深入推进，供水范围随之不断扩大，服务要求也越来越高，但与之不匹配的是目前我县城乡供水事业缓慢的发展速度。主要表现如下。

一是供水量不足，供需矛盾日益突出，如县城人口增加、招贤片将纳入供水范围等，现有箬岭水厂 5 万 t 的能力明显不足。

二是单一水源存在安全隐患，缺乏可靠性。箬岭水厂连接取水口有一条 DN800 的管道，该管道铺设位置位于常芳公路路肩，来往车辆较多，存在的交通安全隐患较大；且芙蓉水库上游有杭新景高速公路穿行而过，如遇上运送危化品车辆在此路段发生颠覆事故，必将造成芙蓉水库水质的污染；加上设计的原因，取水口闸门、管道阀门等多处存在安全隐患，2014 年"9·3"停水事件就是因为取水口芙蓉水库进水口闸板阀门发生故障，箬岭水厂停产，导致停水 59 h，主城区 8 万居民生活用水受到严重影响。

三是生活用水与工业用水没有分类，造成优质水源浪费。

除此还有水务公司的人员结构不符合现代水厂建设管理要求；城区供水管网老化，渗透严重；发展资金匮乏，正常运营困难重重；农民饮用水工程管理难，效益难发挥等，诸多薄弱环节影响供水安全。

5. 水资源安全保障措施

5.1 优先保障居民生活用水

《中华人民共和国水法》规定："开发、利用水资源，应当首先满足城乡居民生活用水。"为解决供水规模不能适应社会经济发展需要和单个优质水源供水存在安全隐患，以及生活用水与工业用水分类供给等系列问题，必须做好节约用水和兴建新的安全可靠水源工程，并适时进行用水分类。现提出以下几个方案：

5.1.1 方案一：新建芙蓉水库引水二期工程

芙蓉水库二期工程供水规模拟定 10 万 t/d，加上一期的 5 万 t/d，合计 15 万 t/d，可以满足全县中远期供水需求。

本方案优点：一是供水水源水质优；二是水厂不需另外选址，在现箬岭水厂基础上扩建即可；三是取水口可利用现有取水口，只需要新增一条 25 km 左右输水管道，工程总投资约为 2.8 亿元。

本方案缺点：一是为单一水源地，水源与一期相同，安全隐患不能排除，一旦发生突发事件，又将出现整个县城长时间停水现象；二是新增设的输水管道基本沿一期工程布置，紧靠常芳公路而过，施工难度较大，施工工期相对较长；三是每吨水需向芙蓉水电有限公司交纳 0.134 1 元的补偿费（原设计在发电尾水后取水，后改成在水库直接取水），相对取水成本较高。

5.1.2 方案二：新建龙潭水库工程

拟建龙潭水库位于天马街道天马村双港口，水系属南门溪支流龙潭溪，坝址以上集雨面积 44.38 km^2，多年平均来水量 4 793 万 m^3，水库总库容 1 569 万 m^3。工程任务以供水、防洪为主，结合灌溉、发电等综合利用，其中供水任务为直接向常山县城日常供水，供水能力为 6 万 t/d。工程建成后，可与芙蓉水库形成双优水源联合供水格局。

本方案优点：一是新增加了一个优质水源，大大提高了居民生活用水安全保证率；二是设计水库正常蓄水位 147.00 m，可以实现自流供水（城区的渡口、东明小区、白马路、天马路等地面高程普遍在 87.00 m 以下），可以大大降低水厂的运行成本；三是龙潭水库到县城输水管道不到 10 km，比芙蓉水库输水管道减少 15 km 左右；四是来水量充足，能保证 6 万 t/d 的供水规模；五是水库具有综合能力，可以提高南门溪的整体防洪能力，对减轻县城防洪压力具有较好的效果，同时还可以改善 1.55 万亩农田的灌溉条件；六是新建水电站可以充分利用水资源提高工程经济效益。

本方案缺点：一是水库工程投资大。初步估算工程总投资约 5.34 亿元（其中工程部分投资为 2.34 亿元，环境和征地部分投资为 3.00 亿元）；二是建设周期长。前期工作（项目建议书、可行性研究、初步设计等）化时需 2~3 年，再加上建设工期，整个周期约需 5~6 年；三是政策处理难度比较大。涉及江山市人口、房屋和土地，淹没、影响江山坛石镇上溪村需搬迁人口 326 人（110 户），房屋约 2.04 万 m^2，土地总面积 593 亩；本县天马街道天马村需搬迁人口 474 人（137 户），房屋约 2.08 万 m^2，土地总面积 899 亩。

5.1.3 方案三：新建净水楼工程

净水楼取水是一种设计在天然的河流岸边，利用河床底部天然砂卵石层为过滤层，将江河地表水转化为赋存在河床下的潜流水，形成补给源充足的天然"地下水库"，然后通过净水设施的提升作用，成为饮用水的新技术。采取这一新技术，新建 10 万 t/d 净水楼工程，分二期实施，第一期 5 万 t/d。

本方案优点：一是应用新技术，无需添加净水药剂处理，使水质达到或优于国家生活饮用水卫生标准，具有天然、环保等优点，无废、污水排放；二是工程投资小，一座 10 万 t/d 净水楼工程总投资约为 1.1 亿元；三是节约制水成本，一座净水楼一人值班、一人陪班就能保障正常供水，而且渗滤取水建筑物采用钢筋砼结构，无需检修与更换，运行成本较低；四是工期短，整个建设周期在一年之内。

本方案缺点：一是对河道天然保护要求较高，特别是对河道砂卵石层要求保持其天然状态，不受人为破坏；二是对水量要求高，一般应选择在近城区的大江大河边，才能保证有充足的水补充渗滤；三是对水质要求高，要求天然河道水质满足要求；四是新技术运用还没有普遍。

5.1.4 方案四：新建净水楼工程+新建龙潭水库工程

根据上述方案的各自特点，近期在常山港徐村至大弄口段河滩选址先建 5 万 t/d 净水楼一座；中期新建龙潭水库，供水规模 6 万 t/d，满足全县长期供水需求。

根据上述四个方案的投资，施工难易和特点，分析建议如下。

（1）从供水安全考虑

目前芙蓉水库一期引水工程是县城主城区饮用水的唯一的水源，从 2014 年"9·3"箬岭水厂停水事件分析，单一水源安全保证率最差，因此不建议选用芙蓉水库二期引水工程。龙潭水库最优，常山港徐村至大弄口段河滩净水楼次之。

（2）从水量方面考虑

水库水量比河道水量更易受保证，因为水库可以调节，河道调节能力差。所以从水量方面考虑，龙潭水库最优，常山港徐村至大弄口段河滩净水楼相对不稳定。

（3）从水质方面考虑

水库水质比河道水质更易受保证，因此龙潭水库最优，常山港徐村至大弄口段河滩净水楼次之。

（4）从投资成本考虑

龙潭水库投资最大，常山港徐村至大弄口段河滩净水楼最小。因此从投资成本考虑，净水楼最优，龙潭水库投资最大。

综上所述，近期在常山港徐村至大弄口段适宜的河滩上选址先建一期净水楼工程，规模定为 5 万 t/d（一期规模不宜过大，以保证枯水期常山港生态流量，必要时还可建二期工程，并不需要再征地，只是净水楼扩容即可）；中期新建龙潭水库，规模定为 6 万 t/d，保证优质水量，能够满足我县城乡的中远期供水需求。待龙潭水库和芙蓉水库正式形成双优水源联合供水格局，再将常山港河滩净水楼和后坊水厂改为工业水厂，完全能够确保全县人民生活和生产可持续发展的安全用水。

从现在起还应重视和做好以下工作。

（1）为确保净水楼项目的建设，应保护好大弄口段河滩的现状；同时严格控制直接从常山港（天马电站上游）工业取水。

（2）规划中龙潭水库库区内有常山县天马街道天马村村民和江山市坛石镇上溪村村民，因此要提前考虑龙潭水库库区常山籍村民下山脱贫工作计划的安排，同时与江山市对接沟通联系，取得江山市政府对龙潭水库库区江山籍村民搬迁及土地征用等相关事宜的支持，以利确保龙潭水库建设的顺利实施。

5.2 建设蓄水工程

建设蓄水工程，可以提高水资源利用率，对于防洪、农田灌溉、城乡供水以及水生态修复等，都有不可替代的作用。

《钱塘江流域综合规划》新建龙潭水库，列入水资源保障规划工程，与芙蓉水库为联合供水水源，互为备用。列入 2016 年《浙江省小型水库建设规划》拟建工程有：原八里塘山塘改扩建为八里塘水库，总库容 147 万 m^3，以灌溉和改善生态环境为主。新建天安水库，总库容 220 万 m^3，以城镇供水为主。列入浙江省小型水库建设规划储备工程：扩建张家弄水库，规模从小（2）型水库提高到小（1）型水库，总库容 184 万 m^3。

5.2.1 龙潭水库

龙潭水库位于钱塘江流域衢江水系常山港支流——南门溪的龙潭溪上，坝址位于金丰湾溪与龙潭溪的汇合处，属常山县天马镇龙潭溪村境内。坝址以上集水面积 44.38 km^2（占南门溪流域约 25%），主流长度 11.2 km，河道比降 17‰，多年平均降水量 1 719.6 mm，多年平均径流深 1 080.1 mm，径流系数 0.628，多年平均流量 1.52 m^3/s，多年平均年径流总量 4 793 万 m^3，库区内山高林茂，水质甚佳。

龙潭水库是一座以城镇供水、防洪为主，结合灌溉、发电等综合效益的中型水库，正常蓄水位 147.00 m，正常库容 1 455 万 m^3，总库容 1 569 万 m^3，调洪库容 114 万 m^3，供水规模为 6 万 t/d，灌溉农田 15 494 亩，500 年一遇洪水时可削减洪峰 22%，电站装机 3×400 kW。大坝初选坝型为小骨料砼砌石重力坝，坝顶高程 149.0 m，最大坝高 55 m，坝顶长 162 m，坝顶溢洪，堰顶高程 144.0 m，最大下泄流量 488 m³/s（500 年一遇洪水标准）。工程总投资约 5.34 亿元。

5.2.2　张家弄水库续建工程

张家弄水库始建于 20 世纪 70 年代，当时拟建主坝高 24.5 m，副坝高 15.5 m，正常蓄水库容 450 万 m³，于 1976 年冬季动工，由于当时财力有限，且施工方法原始，因此到 1981 年主坝筑到 11.5 m（蓄水量 70 万 m³）时，工程由于种种原因停了下来。

张家弄水库位于钱塘江流域与长江流域的分水岭，集雨面积为 1.53 km²，主流长度 1.86 km，多年平均径流量 165 万 m³。张家弄水库是一座以灌溉为主的小型水库，正常蓄水位 150.00 m，正常蓄水库容 170 万 m³，总库容 184 万 m³，灌溉面积为 6 815 亩。大坝坝型黏土心墙坝，最大坝高 15.6 m，坝顶长 120 m；溢洪道堰顶高程 150.00 m，采用宽顶堰，进口净宽 15 m。工程总投资 646.4 万元。

5.2.3　八里塘水库

八里塘水库由八里塘山塘扩建而成，水系属常山港小支流八里塘溪，位于三衢湖省级休闲度假区。山塘扩建后，总库容为 147 万 m³，属小（1）型水库，以灌溉供水为主，结合生态环境，改善灌溉面积 1 500 亩，总投资 4 147 万元。

5.2.4　天安水库

天安水库位于常山县天马街道天安村。水系属钱塘江流域常山港支流南门溪。水库坝址以上集水面积为 5.48 km²，主河道总长 3.7 km，河道比降 4.07%。坝址以上多年平均年径流量 580.88 m³。水库主要任务以防洪、供水为主，结合灌溉、改善水环境等综合利用，供水人口 7 630 人，改善灌溉面积 2 430 亩。水库拟定坝顶高程约 155.0 m，坝高约 40 m，水库拟定总库容约 222 万 m³。水库拟定坝型为砼拱坝或砼重力坝。总投资约 7 912 万元。

5.3　修建青石镇防洪工程

青石镇集镇由于位置低洼，建设防洪工程难度大，投资也大，因此成为常山县唯一的不设防城镇。随着社会经济的发展，修建青石镇防洪工程势在必行。

修建青石镇防洪工程应采用拦、排结合的方式。沿常山港右岸支流——马车溪两岸修建拦河大坝，与 320 国道相连，可防止常山港洪水倒灌及马车溪洪水入镇；集镇东南向可修建排洪沟，将洪水导入马车溪；集镇区内需设置排涝泵站及控制闸门，当外江水位高时启动排涝泵进行排涝，当外江水位低时打开控制闸门进行排水。防洪标准宜定为 20 年一遇洪水标准。

5.4 水资源管理与保护

5.4.1 落实最严格水资源管理制度

严格控制水资源开发利用总量红线。2020 年浙江省用水总量为 179.40 亿 m^3，衢州市用水总量 12.03 亿 m^3，常山县用水总量 1.16 亿 m^3。围绕水资源的配置、节约和保护，落实水资源管理考核制度。节水优先，优水优用，优质优价，制定用水效率控制红线。2020 年控制万元 GDP 用水量：浙江省 30.0 m^3，衢州市 74.8 m^3，常山县 86.9 m^3。把节水放在优先位置，全面推进节水型社会建设，进一步强化用水需求和用水过程管理，促进水资源可持续利用和经济发展方式转变。90%水文条件下，钱塘江流域内 COD_{Cr} 入河控制量为 37.3 万 t/a，NH_3-N 入河控制量为 1.3 万 t/a。

5.4.2 水资源保护

（1）严格保护源头的生态环境。水库库区水体要加强富营养化的防治工作，在水库周边地区积极发展生态农业，保护河道水生态环境。

（2）实施饮用水水源地保护工程。县政府分别出台芙蓉水库、千家排水库水源地保护管理办法。对于重要供水水库要实施水库水源地隔离防护工程、污染源综合整治工程、生态修复与保护工程、水土保持工程、在线监测系统工程等。

（3）生态基流。充分发挥已建水库的生态补水作用，保障坝址下游的生态基流。生态基流控制：枯水期流量要求不小于控制断面处多年平均流量的 10%。

（4）水生态修复。干流与主要支流河道岸带，保护沿江河道、江心洲、河滩、自然林带等，修复河滩自然地形特征，培育健康的湿地生态系统；农村河道要做好环境整治长效管理，确保河道清洁畅通，有效改善和提升农村水生态环境。

案例 27 水利稽察

　　水利稽察，是指水行政主管部门依据有关法律、法规、规章、规范性文件和技术标准等，对水利建设项目组织实施情况进行监督检查和指导服务的活动。一般由稽察组具体承担项目稽察任务，稽察组由稽察特派员或组长、专家和特派员助理等稽察人员组成。省水利厅通过设立稽察专家库的形式征集稽察专家，并实行动态管理。水利稽察内容主要包括：监督检查（抽查）建设项目前期工作与设计、建设管理、计划下达与执行、资金使用与管理、工程质量与安全等方面实施情况，有关法律、法规、规章、技术标准和重大政策等贯彻执行情况。

　　本人曾作为省级水利稽察专家，在 2017—2018 年间，参加了一些水利建设项目前期工作与设计方面的稽察工作，结合多年来参加各种项目设计审查的经验，特对容易忽视的一些问题做些介绍。对前期工作与设计的稽察，包括检查项目建议书、可行性研究报告、初步设计和概算编报、审查审批等情况；检查勘察设计深度和质量、强制性条文及审查意见执行、设计变更、现场设计服务等情况。

1. 水文计算系列问题

　　水库实测水文资料系列在 30 年以上，可直接利用；实测资料系列在 30 年以下、10 年以上的，除利用实测资料外，还需要利用邻近站插补延长；对于实测资料系列少于 10 年或无实测资料的，采用邻近站资料。容易忽视的问题主要如下。

1.1 舍近求远

　　某中型水库，1980 年起有坝址站实测降雨量连续资料，1986 年起还设立了库区人工雨量观测站。在水库除险加固设计、控制运用计划、大坝安全鉴定等水文计算中，降雨量资料一直只用邻近雨量站（1959 年起）长系列资料，而不利用本水库实测雨量资料。但随着时间的推移，到 2010 年，本水库坝址站降雨资料已达 30 年，此时可以直接用本站资料进行计算，而不需要舍近求远。

1.2　插补延长不进行相关性分析

对于实测资料系列在 30 年以下、10 年以上的，除利用实测资料外，还需要利用邻近站插补延长。但需进行相关性分析。

1.3　径流计算不进行代表性分析

小流域往往缺少实测径流资料，但有雨量资料系列，需要利用参证站实测资料，利用降雨径流关系进行计算。有的设计人员不管三七二十一，直接进行移用，不符合水文计算资料系列的"可靠性、一致性和代表性"的原则。

2. 堰坝设计问题

在河道中合理设计堰坝，对于稳定河势、灌溉引水、改善生态等方面，都有重要的作用。但过度修筑堰坝，则会影响防洪安全和河流生态。常见的问题有：

2.1　缺少冲沙设施

一些堰坝设计片面追求景观，抬高河道水位，又不设置冲沙设施，致使河床逐年抬高，影响防洪。

2.2　规模过大

在山丘区河道上建高堰坝挡水，形成长距离的"景观水面"，有的蓄水库容已达到水库规模，而堰坝未按相应等级进行防洪安全及结构稳定设计，留下了安全隐患。

2.3　设置人为行洪障碍

为了过分追求美观，配合堰坝修筑，在行洪河道内设置假山、种植阻碍行洪的林木和高秆作物。《中华人民共和国防洪法》明确规定：禁止在行洪河道内种植阻碍行洪的林木和高秆作物。

2.4　未考虑鱼类洄游

堰坝设计未考虑鱼类洄游，上下游落差大，现有滩地被破坏，改变了鱼类洄游通道，不利于生态保护。

建议充分论证堰坝工程建设的必要性，调查分析河道现状，针对性提出拆除、改造、加固等措施。堰坝型式应与河床自然融合，切忌模仿抄袭及生搬硬套，应采用低矮宽缓堰坝，设计时充分考虑河床抬高、影响防洪等不利影响，保证河道行洪安全和生态安全。

3. 溢洪水深水位尺

溢洪道溢洪时，都需要观测溢流水深，但许多观测溢流水深的水位尺都安装在堰顶上，其实这样读出来的水深是不对的。

根据能量方程推导出的堰流普遍公式（包括薄壁堰、实用堰、宽顶堰）为

$$Q = \sigma \varepsilon m B \sqrt{2g} H_0{}^{3/2}$$

其中：H_0 为堰上总水头，$H_0 = H + \dfrac{\alpha_0 \upsilon_0{}^2}{2g}$，$H$ 为堰上游（3～4）H 处的堰上水头，它才与泄流公式有关；$\dfrac{\alpha_0 \upsilon_0{}^2}{2g}$ 为该断面处的流速水头。

由于受到堰的阻挡和导流作用，水流在进口附近的堰顶上有收缩现象，在堰顶时，随着流速的增大，溢洪水流水面已经逐渐下降，因此水位尺安置在堰顶处或有闸门控制的水闸闸墩处是不准确的。建议把观测溢洪水深的水位尺安装在堰上游（3～4）H 处，基点高程与堰顶高程一致，这样读出的水深就是溢洪流量计算公式中的数据。

4. 占用水域问题

某市滞洪区改造工程初步设计于 2015 年由省发展和改革委员会批复，工程任务以防洪为主，兼顾改善区域水环境、营造水景观等综合利用，堤防防洪标准为 20～50 年一遇，工程总投资 12.88 亿元。滞洪区总面积 7.44 km²，库区开挖面积 2.2 km²，滞洪区内水环境整治及生态修复约 0.86 km²。

该工程前期工作基本符合审批程序，但对于占用重要水域，却没有很好地履行审批手续。根据《浙江省建设项目占用水域管理办法》规定：蓄滞洪区属重要水域，基础设施建设项目一般不得占用重要水域；确需占用的，应当依照本办法的有关规定办理审批手续。

项目设计中对于滞洪区改造工程中容积减少而采取功能补救措施进行了论证，但对于水域面积的减少缺乏分析。一些水环境改造及提升工程，如开挖塑岛、梳理岸线、绿岛设计及景观配套设施建设等，虽然都高于设计洪水位，但其基础部分都或多或少占用了水域，这部分占用的水域面积应该得到补偿，

也就是说"容积""面积"实行双控。

5. 设计变更问题

5.1 设计变更规定

根据《水利工程设计变更管理暂行办法》（以下简称《办法》），工程设计变更分为重大设计变更和一般设计变更。重大设计变更是指工程建设过程中，工程的建设规模、设计标准、总体布局、布置方案、主要建筑物结构形式、重要机电金属结构设备、重大技术问题的处理措施、施工组织设计等方面发生变化，对工程的质量、安全、工期、投资、效益产生重大影响的设计变更。其他设计变更为一般设计变更。根据建设过程中出现的问题，施工单位、监理单位及项目法人等单位可以提出变更设计建议。

工程设计变更审批采用分级管理制度。重大设计变更文件，由项目法人按原报审程序报原初步设计审批部门审批。一般设计变更文件由项目法人组织审查确认后实施，并报项目主管部门核备，必要时报项目主管部门审批。

特殊情况重大设计变更的处理：（1）对需要进行紧急抢险的工程设计变更，项目法人可先组织进行紧急抢险处理，同时通报项目主管部门，并按照《办法》办理设计变更审批手续，并附相关的影像资料说明紧急抢险的情形。（2）若工程在施工过程中不能停工，或不继续施工会造成安全事故或重大质量事故的，经项目法人、监理单位同意并签字认可后即可施工，但项目法人应将情况在 5 个工作日内报告项目主管部门备案，同时按照《办法》办理设计变更审批手续。

5.2 设计变更存在的主要问题

实际工程设计变更中，存在的主要问题是：

（1）对重大设计变更，缺少原初步设计审批部门审批。往往按特殊情况重大设计变更处理，却没有按照《办法》办理设计变更审批手续。

（2）对一般设计变更，只有设计单位设计联系单，而没有经过项目法人确认和项目主管部门核备。

（3）设计变更文件缺少监理单位签字认可。

第四章
防汛抢险

案例 28 常山港实测年最大洪峰流量分析

1. 流域概况

常山港属钱塘江主源，集水面积 3 384.9 km²，主河道长 175.9 km，是典型的山溪性河流，洪水暴涨暴落，集流时间短促。据常山港上的长风水文站实测资料标明，从暴雨形成洪峰，一般在 8～10 h。

2. 水文站变迁

长风水文站建于 1956 年，位于常山县何家乡长风村，属县级水文站，原由金华市水文站管理，1995 年 3 月水文管理体制改革后，水文站由所在地常山县水行政主管部门管理。长风水文站控制集水面积 2 082 km²。

由于长风水利水电枢纽工程建设，长风水文站已位于长风库区，因此，常山县水文站于 1994 年 7 月迁至风扇口，往下游迁 15 km，称常山（二）站，其间汇入菱湖溪、龙绕溪等支流，控制集水面积 2 310 km²。

天马水电站建成后，常山（二）站又位于天马电站库区。故 2005 年底再次往下游迁约 4.5 km，至富足山，称常山（三）站，其间汇入枧头溪等小支流，控制集水面积 2 336 km²。

3. 实测年最大洪峰流量

3.1 长风水文站

长风水文站有实测年最大洪峰流量连续资料 1956—1994 年共 39 年，见表 4-1。最高洪水位原为吴淞高程，现统一换算成黄海高程（-1.80 m）。

表 4-1 长风水文站（1956—1994）实测年最大洪峰流量

年份	最高洪水位/m	洪峰流量/（m³/s）	发生日期	年份	最高洪水位/m	洪峰流量/（m³/s）	发生日期
1956	98.27	3 020	6.12	1959	96.64	1 770	6.17
1957	96.13	1 280	4.24	1960	97.03	1 930	6.15
1958	98.07	2 600	5.6	1961	96.28	1 490	5.11

年份	最高洪水位/ m	洪峰流量/ （m³/s）	发生日期	年份	最高洪水位/ m	洪峰流量/ （m³/s）	发生日期
1962	97.59	2 360	7.2	1979	98.72	3 140	6.27
1963	97.44	2 240	6.28	1980	97.03	1 890	6.13
1964	96.21	1 350	6.10	1981	95.79	1 240	3.24
1965	98.48	3 030	6.25	1982	99.72	4 160	6.20
1966	99.90	4 910	7.8	1983	98.91	3 320	6.20
1967	99.86	4 990	6.19	1984	96.14	1 410	4.4
1968	98.02	2 640	7.9	1985	95.51	1 070	5.6
1969	98.57	3 250	6.29	1986	96.97	1 920	5.20
1970	99.23	4 180	6.25	1987	98.14	2 590	6.23
1971	99.93	5 010	6.2	1988	98.33	2 680	6.22
1972	97.35	2 220	10.18	1989	98.51	3 050	7.30
1973	98.27	3 160	5.16	1990	97.27	1 790	6.15
1974	98.18	3 080	7.16	1991	95.56	1 040	4.18
1975	97.94	2 770	6.28	1992	98.48	3 050	7.4
1976	97.90	2 580	6.8	1993	99.29	3 440	6.19
1977	98.16	3 000	6.14	1994	99.79	3 580	6.10
1978	96.67	1 690	5.9				

3.2 常山（二）站——风扇口

常山（二）站有实测年最大洪峰流量连续资料 1995—2005 年共 11 年，见表 4-2。

表 4-2 常山（二）站（1995—2005）实测年最大洪峰流量

年份	最高洪水位/ m	洪峰流量/ （m³/s）	发生日期	年份	最高洪水位/ m	洪峰流量/ （m³/s）	发生日期
1995	88.49	3 040	6.24	2001	86.34	1 580	6.25
1996	87.85	2 680	7.12	2002	86.59	1 820	6.29
1997	90.42	4 660	7.8	2003	88.81	3 580	6.24
1998	91.50	6 070	7.24	2004	87.33	2 410	5.16
1999	88.03	2 760	4.17	2005	86.40	1 760	5.31
2000	87.37	2 100	5.31				

3.3　常山（三）站——富足山

常山（三）站有实测年最大洪峰流量连续资料 2006—2020 年共 15 年，见表 4－3。

表 4－3　常山（三）站（2006—2020）实测年最大洪峰流量

年份	最高洪水位/m	洪峰流量/（m³/s）	发生日期	年份	最高洪水位/m	洪峰流量/（m³/s）	发生日期
2006	82.84	1 900	4.12	2014	82.55	2 010	6.22
2007	80.85	560	6.14	2015	83.24	2 860	6.8
2008	84.90	3 000	5.28	2016	82.15	1 930	6.3
2009	84.10	1 460	4.2	2017	85.11	4 820	6.24
2010	83.80	2 200	7.9	2018	82.13	1 910	6.20
2011	86.23	5 420	6.15	2019	84.39	4 160	7.13
2012	83.50	2 780	4.29	2020	84.80	4 760	7.9
2013	81.39	1 570	6.27				

3.4　采用水文比拟法延长同一断面系列

鉴于长风水文站有连续实测资料 39 年，下迁后，常山（二）站和常山（三）站均未达到连续 30 年，因此把常山（二）站和常山（三）站历年实测年最大洪峰流量，采用水文比拟法，统一换算至长风水文站断面，按下式进行计算：

$$Q_{设} = \left(\frac{F_{设}}{F_{参}} \right)^{n} Q_{参}$$

式中：$Q_{设}$——设计站洪峰流量，m³/s；

　　　$Q_{参}$——参证站洪峰流量，m³/s；

　　　$F_{设}$——设计断面以上集水面积；

　　　$F_{参}$——参证站集水面积；

　　　n——经验性指数，一般情况下 $n<1$，与流域面积有关，大中流域的 n 值约在 0.5～0.7，小流域 n 值较大，本流域取 0.67。

由此可得长风站连续 65 年实测年最大洪峰流量资料，见表 4－4。

表 4-4 长风站实测期年最大洪峰流量统计

年份	最高洪水位/m	洪峰流量/（m³/s）	发生日期	年份	最高洪水位/m	洪峰流量/（m³/s）	发生日期
1956	98.27	3 020	6.12	1989	98.51	3 050	7.30
1957	96.13	1 280	4.24	1990	97.27	1 790	6.15
1958	98.07	2 600	5.6	1991	95.56	1 040	4.18
1959	96.64	1 770	6.17	1992	98.48	3 050	7.4
1960	97.03	1 930	6.15	1993	99.29	3 440	6.19
1961	96.28	1 490	5.11	1994	99.79	3 580	6.10
1962	97.59	2 360	7.2	1995		2 836	6.24
1963	97.44	2 240	6.28	1996		2 500	7.12
1964	96.21	1 350	6.10	1997		4 347	7.8
1965	98.48	3 030	6.25	1998		5 662	7.23
1966	99.90	4 910	7.8	1999		2 574	4.17
1967	99.86	4 990	6.19	2000		1 959	5.31
1968	98.02	2 640	7.9	2001		1 474	6.25
1969	98.57	3 250	6.29	2002		1 698	6.29
1970	99.23	4 180	6.25	2003		3 339	6.24
1971	99.93	5 010	6.2	2004		2 248	5.16
1972	97.35	2 220	10.18	2005		1 642	5.31
1973	98.27	3 160	5.16	2006		1 759	4.12
1974	98.18	3 080	7.16	2007		1 000	6.14
1975	97.94	2 770	6.28	2008		2 777	5.28
1976	97.90	2 580	6.8	2009		1 352	4.2
1977	98.16	3 000	6.14	2010		2 037	7.9
1978	96.67	1 690	5.9	2011		5 018	6.15
1979	98.72	3 140	6.27	2012		2 629	4.29
1980	97.03	1 890	6.13	2013		1 509	6.27
1981	95.79	1 240	3.24	2014		1 916	6.22
1982	99.72	4 160	6.20	2015		2 675	6.8
1983	98.91	3 320	6.20	2016		1 787	6.3
1984	96.14	1 410	4.4	2017		4 462	6.24
1985	95.51	1 070	5.6	2018		1 768	6.20
1986	96.97	1 920	5.20	2019		3 851	7.13
1987	98.14	2 590	6.23	2020		4 407	7.9
1988	98.33	2 680	6.22	均值		2 664	

4．实测资料分析

4.1　频率计算

在 n 项连序系列中，按大小次序排列的第 m 项的经验频率 p_m，按数学期望公式计算：

$$p_m = \frac{m}{n+1} \times 100\%$$

式中：$m = 1$，2，$\cdots$，n。

频率曲线线型采用皮尔逊Ⅲ型。统计参数采用均值 X、变差系数 C_v 和偏态系数 C_s。统计参数的估计按下列步骤进行。

（1）采用矩法公式初步估算统计参数

$$\overline{X} = \frac{1}{n} \sum X_i$$

$$C_v = \sqrt{\frac{\sum (K_i - 1)^2}{n-1}}$$

$$C_s = \frac{\sum (K_i - 1)^3}{(n-3)C_v^3}$$

式中：X_i——系列的每一项，$i = 1$，2，$\cdots$，n；

　　　K_i——模比系数，$K_i = X_i / X$ 计算。

C_s 通常不进行计算，而是采用 C_v 的倍数。

（2）采用适线法调整初步估算的统计参数。可采用经验适线法，尽可能拟合全部点据，拟合不好时，可侧重考虑较可靠的大洪水点据。

（3）根据上下游、干支流和邻近流域各站的成果进行合理性检查，地区综合，必要时可作适当调整。

4.1.1　长风水文站实测 39 年洪峰流量频率计算

将长风站 39 年实测年最大洪峰流量资料进行频率计算。

$$Q = 2\,665 \text{ m}^3/\text{s}$$

$$C_v = 0.397$$

4.1.2　长风站系列延长后 65 年洪峰流量频率计算

将长风站 65 年实测和延长年最大洪峰流量资料进行频率计算。

$$Q = 2\ 664\ \text{m}^3/\text{s}$$
$$C_v = 0.423$$

4.1.3 考虑历史特大洪水后频率计算

特大洪水是指实测和调查到的比一般洪水大得多的洪水，一般认为模比系数 $K \geqslant 2 \sim 3$（重现期 $\geqslant 50$ 年一遇），可作特大值处理。

查 2006 年版《中国历史洪水调查资料汇编》，得长风水文站的历史调查洪水成果，见表 4-5。

表 4-5　历史调查洪水成果

所在河流	调查地点	流域面积/km²	年份	洪峰流量/（m³/s）	可靠程度
常山港	长风水文站	2 082	1915	8 180	较可靠
			1934	4 750	较可靠
			1955	4 500	可靠

其中 1934 年和 1955 年的调查洪峰流量，均小于实测系列中的最大值，难以确定重现期，不再参加系列分析。1915 年的洪峰流量 8 180 m³/s，大于实测（延长）系列中的最大值 5 662 m³/s，故作特大值处理，并假定重现期 $N = 2020 - 1915 + 1 = 106$ 年。特大洪水的经验频率采用数学期望公式计算。

$$p_M = \frac{M}{N+1} \times 100\%$$

式中：M——特大洪水的序号，$M = 1$。

计算包括特大值在内的洪峰流量统计参数计算，一假定在调查考证的 N 年内，除去 a 项特大洪水以外的 $(N-a)$ 项的均值与实测系列中 $(n-1)$ 项一般洪水的均值相等，二假定在考证期 N 年内，除去 a 项特大洪水以外的 $(N-a)$ 项的均方差与实测系列中 $(n-1)$ 项一般洪水的均方差相等：

$$\bar{Q}_N = \frac{1}{N}\left(\sum Q_N + \frac{N-1}{n}\sum Q_i\right) = 2\ 716\ \text{m}^3/\text{s}$$

$$\begin{aligned}
C_{v,N} &= \frac{1}{\bar{Q}_N}\sqrt{\frac{1}{N-1}\left[\sum(Q_N - \bar{Q}_N)^2 + \frac{N-1}{n}\sum(Q_i - \bar{Q}_N)^2\right]} \\
&= \sqrt{\frac{1}{N-1}\left[\sum(K_N - 1)^2 + \frac{N-1}{n}\sum(K_i - 1)^2\right]} \\
&= 0.457
\end{aligned}$$

式中：Q_N——特大洪水洪峰流量。

4.1.4 频率计算成果

由于在现有实测系列中发生特大洪水的机会比较小，即便观测到一些大洪水资料，也难以就其系列本身来确定它的重现期和经验频率。但是，在洪水现象的漫长历史时期中，必然曾发生过一些特大洪水，将它们加入现有的样本中，由于其具有数量大、重现期长的特殊因素，实质上就增加了样本资料的系列长度。从洪水频率计算的方法本身来看，设计洪水通常为稀遇洪水，其频率点据的位置，处于频率曲线的上部，为此要通过对频率曲线上部的大幅度外延才能求得。特大洪水加入样本系列，将增加经验频率点据中数量大、频率小的点据，对频率曲线上端的方向起到一定的控制作用，这就大大减小了频率曲线外延的任意性，可使计算成果趋于稳定和合理。所以，频率计算成果采用加入特大洪水后的计算成果。适线后成果见表 4-6。

$$均值\ Q = 2\ 716\ \text{m}^3/\text{s}$$
$$C_v = 0.46$$
$$C_s = 3.5\ C_v$$

表 4-6　长风水文站洪峰流量频率计算成果

均值/(m³/s)	C_v	C_s/C_v	不同频率设计值/（m³/s）				
			1%	2%	5%	10%	20%
2 716	0.46	3.5	6 953	6 192	5 160	4 373	3 558

4.2 洪水规律分析

4.2.1 系列长短对统计参数的影响

列出长风水文站实测 39 年年最大洪峰流量统计参数计算成果、系列延长后 65 年年最大洪峰流量统计参数计算成果以及分别考虑历史特大洪水后统计参数计算成果，见表 4-7。

表 4-7　年最大洪峰流量不同系列统计参数对比

年限	系列	均值/（m³/s）	C_v
1956—1994	实测期 39 年	2 665	0.397
1915—1994	排位期 80 年	2 734	0.444
1956—2020	实测期 65 年（含延长）	2 664	0.423
1915—2020	排位期 106 年	2 716	0.457

随着系列的增加，年最大洪峰流量均值略呈下降趋势，从 1956—1994 年 39 年实测系列（均值 2 665 m³/s）到 1956—2020 年 65 年实测加延长系列（均值 2 664 m³/s），洪峰流量均值减小了 0.04%（下降幅度小的原因是 1998 年实测到超过 20 年一遇标准的洪水）；而变差系数 C_v 呈现上升趋势（增加了 6.55%）。

加入历史调查洪水资料，年最大洪峰流量均值有所增加。但随着系列的延长，其增加幅度会减少。如实测期 39 年，加入历史调查洪水排位期 80 年时，均值增加 2.59%；但实测期 65 年（含延长），加入历史调查洪水排位期 106 年时，均值增加 1.95%。增加幅度下降 24.7%。说明随着系列的延长，均值将越来越稳定，历史洪水对统计参数的影响会逐渐变小。

同理，加入历史调查洪水资料，年最大洪峰流量 C_v 值会增加。但 C_v 值随着系列的延长，其增加幅度也会减少。如实测期 39 年，加入历史调查洪水排位期 80 年时，C_v 值增加 11.84%；但实测期 65 年（含延长），加入历史调查洪水排位期 106 年时，C_v 值增加 8.04%。增加幅度下降 32.1%。说明随着系列的延长，C_v 值将越来越稳定。

4.2.2 最大洪峰流量在年内分布情况

根据实测年最大洪峰流量发生时间，按不同的时段进行统计。

（1）按汛期与非汛期统计

根据《浙江省防汛防台抗旱条例》规定，汛期为每年的 4 月 15 日—10 月 15 日。遇有特殊情况，县级以上人民政府防汛抗旱指挥机构可以宣布汛期提前或者延长。

根据实际情况，汛期又可以分梅汛期和台汛期。梅汛期为每年的 4 月 15 日—7 月 15 日，台汛期为每年的 7 月 16 日—10 月 15 日。统计情况见表 4-8。

表 4-8　年最大洪峰流量汛期分布情况

统计项目	汛期（4.15—10.15）			非汛期（10.16 至次年 4.14）	总计
	梅汛期（4.15-7.15）	台汛期（7.16-10.15）	小计		
个数	60	2	62	3	65
比例	92.30%	3.08%	95.38%	4.62%	100%

由统计资料知，年最大洪峰流量绝大部分发生在汛期，占 95.38%。65 年中，只有 3 年最大洪峰流量发生在非汛期，但数值都不大，在 1 240～2 220 m³/s 之间，小于均值。汛期中，年最大洪峰流量绝大部分发生在梅汛期，占全年的

92.30%，可见，常山港洪水主要由梅汛期控制。

（2）按月分布情况统计

年最大洪峰流量在各月分布情况统计见表4-9。

表4-9　年最大洪峰流量分月情况统计

月份	3	4	5	6	7	10	合计
个数	1	7	10	34	12	1	65
比例	1.54%	10.77%	15.38%	52.31%	18.46%	1.54%	100%

年最大洪峰流量发生在6月的最多，占全年的52.31%，绝大部分发生在4—7月，占全年的96.92%。65年实测资料中，年最大洪峰流量发生在8—9月、11月至次年2月这6个月的概率为0。

（3）按洪水规模统计

洪水规模一般按如下划分。

小洪水（一般洪水）：重现期5～10年；

中洪水（较大洪水）：重现期10～20年；

大洪水：重现期20～50年；

特大洪水：重现期≥50年。

根据频率计算成果，5年一遇洪峰流量为3 558 m³/s，10年一遇洪峰流量为4 373 m³/s，20年一遇洪峰流量为5 160 m³/s，50年一遇洪峰流量为6 192 m³/s。由实测65年资料中可知，小洪水以上洪水共发生12次，中洪水以上洪水共发生7次，大洪水以上洪水共发生1次，特大洪水以上洪水未发生过。

发生5年一遇以上洪水的12次，全部在6—7月（6月2日—7月23日），其中6月7次，7月5次。对于常山港流域来说，此时是梅雨期，通常也称主汛期。

案例 29 城市防洪实战演练

《中华人民共和国防洪法》规定：有防汛抗洪任务的县级以上地方人民政府根据流域综合规划、防洪工程实际状况和国家规定的防洪标准，制定防御洪水方案。各级防汛指挥机构和承担防汛抗洪任务的部门和单位，必须根据防御洪水方案做好防汛抗洪准备工作。

《浙江省防汛防台抗旱条例》规定：县级以上地方人民政府防汛抗旱指挥机构的主要职责是：组织防汛防台抗旱知识与法律、法规、政策的宣传和防汛防台抗旱的定期演练。组织编制并实施防汛防台抗旱预案。

根据市人民政府关于防汛防台的规范性文件，县级防指：每年至少组织1次培训和演练。

通过防汛演练，可以检验应急预案的科学性和可操作性，便于修改完善预案；通过防汛演练，宣传防汛知识，可以增强公众防洪避灾意识，做到全民参与；通过防汛演练，锻炼抢险队伍，可以提高防汛防台和抢险救灾综合能力。

常山县 2016 年城市防洪应急预案实战演练

时间：2016 年 6 月 29 日上午

地点：县城桃园小区

主办单位：常山县人民政府防汛防旱指挥部

承办单位：常山县天马街道办事处

参演单位：县人民政府防汛防旱指挥部、县人武部、县水利局、天马街道、县公安局、县卫计局、县住建局、县供电局、县教育局、县民政局、县消防大队、县广播电视总台、县电信局、县水文站

演习组织机构：

演习总指挥：县政府副县长、县防指总指挥

现场指挥兼主持人：县防指副总指挥、县水利局局长

导演：朱根权

邀请观摩人员：

市防指办领导

县政府领导

县防汛防旱指挥部成员单位领导

各乡镇（街道）乡镇长（主任）、分管领导、水利员

演练内容：模拟南门溪出现 20 年一遇洪水，县防汛办根据洪水预报发出预警，启动Ⅱ级防汛应急响应；天马街道基层防汛体系发挥作用，对南门溪沿岸的桃园小区进行群众转移；县防汛防旱指挥部成员单位根据职责开展城市紧急排涝（桃园小区排涝、内河排涝等），堤防缺口围堵，电力、通信、民政、卫生抢险救灾；人武部水上抢险救援队救援演练。

参演单位职责分工：

（1）县水利局：负责现场抢险技术指导、协助做好现场保卫和宣传报道

负责人：朱根权

排涝技术组：若干人

安全保卫组：若干人

宣传报道组：若干人

抢险技术组：若干人

（2）县住建局：负责城市排涝、协助群众转移

（3）县教育局：城防工程缺口封堵演练

（4）县公安局：现场秩序维护，演练现场交通管制、参演单位车辆通行保障

（5）县人武部：组织水上救援演练

（6）县消防大队：协助做好抢险和水上救援

（7）县供电局：电力设施抢修演练

（8）县电信局：通信设施抢修演练

（9）县民政局：救灾安置演练

（10）县卫计局：卫生防疫演练

（11）天马街道：预警、转移等演练，后勤保障

（12）县广电总台：播音、摄像

解说员：男、女各 1 人

（13）县水文站：负责洪水预测、预报

1. 演练动员阶段

解说员（女）：各位领导、各位来宾，热烈欢迎大家来到"常山县 2016 年

城市防洪应急预案实战演练"现场，指导、观摩本次防汛预案演练。

解说员（男）：本次演练由常山县人民政府防汛防旱指挥部主办，承办、参演单位有：县水利局、县人武部、天马街道、县公安局、县卫计局、县住建局、县供电局、县教育局、县民政局、县消防大队、县广播电视总台、县电信局、县水文站。

解说员（女）：演练马上开始，请市水利局、市防汛防旱指挥部办公室领导，县政府、县防汛防旱指挥部领导到主席台就座。出席本次演练的领导有：市防汛防旱指挥部办公室领导，县人民政府副县长、县防汛防旱指挥部总指挥，县水利局局长、县防汛防旱指挥部副总指挥，以及县防汛防旱指挥部成员单位领导，各乡镇长，街道办事处主任，各乡镇（街道）分管领导、水利员。

解说员（男）：担任本次演习的总指挥是常山县人民政府副县长、县防汛防旱指挥部总指挥。

解说员（女）：担任本次演习的现场指挥兼主持人是县防汛防旱指挥部副总指挥、县水利局局长。现场总协调是县水利局副书记、副局长，天马街道办事处主任。本次演习导演为县防汛防旱指挥部办公室主任朱根权同志。

解说员（男）：下面有请主持人，县防汛防旱指挥部副总指挥、县水利局局长致辞。

主持人：各位领导，同志们！为了更好地贯彻执行《浙江省防汛防台抗旱条例》，检验常山县防汛防台抗旱应急预案的科学性、实用性，提高防御自然灾害、水利工程险情应急处置的能力和水平，总结和吸取 2011 年"6·15""6·19"流域性洪水防汛抢险经验和教训，根据省、市防汛防旱指挥部的总体部署和县委、县政府的工作要求，在 2016 年主汛期来临之际，县防汛防旱指挥部今天在天马街道举行常山县 2016 年城市防洪应急预案实战演练。我代表县防汛防旱指挥部、县水利局对前来观摩、指导本次实战演练的市防指、县政府领导，防汛指挥部成员单位负责人，各乡镇、街道领导和同仁表示热烈欢迎和衷心感谢，并预祝本次实战演练取得成功。

解说员（女）：下面请各参演单位向现场指挥报告实到人数和物资装备情况。

（1）县水利局：报告，县水利局防汛抢险技术小分队队员 5 名，携防汛抢险装备，已整装待命，请指示。

现场指挥：请待命。

县水利局：是。

（2）**县住建局**：报告，县住建局排涝抢险小分队队员 8 名，携抢险装备，已整装待命，请指示。

现场指挥：请待命。

县住建局：是。

（3）**县教育局**：报告，县教育局防汛应急抢险小分队队员 6 名，携防汛抢险装备，已整装待命，请指示。

现场指挥：请待命。

县教育局：是。

（4）**县公安局**：报告，县公安局治安及交通管制小分队队员 9 名，携防汛装备，已整装待命，请指示。

现场指挥：请待命。

县公安局：是。

（5）**县人武部**：报告，县人武部水上救生小分队队员 10 名，携防汛抢险救生装备，已整装待命，请指示。

现场指挥：请待命。

县人武部：是。

（6）**县消防大队**：报告，县消防大队队员 5 名，已整装待命，请指示。

现场指挥：请待命。

县消防大队：是。

（7）**县供电局**：报告，县供电局电力应急抢险小分队队员 6 名，携抢修装备，已整装待命，请指示。

现场指挥：请待命。

县供电局：是。

（8）**县电信局**：报告，县电信局通信线路抢险小分队队员 10 名，携抢修装备，已整装待命，请指示。

现场指挥：请待命。

县电信局：是。

（9）**县民政局**：报告，县民政局救灾安置小分队队员 5 名，携救灾安置物资，已整装待命，请指示。

现场指挥：请待命。

县民政局：是。

（10）**县卫计局**：报告，县卫计局卫生防疫小分队队员 5 名，携防疫装备，已整装待命，请指示。

现场指挥： 请待命。

县卫计局： 是。

（11）天马街道： 报告，天马街道办事处民兵应急小分队队员 10 人，携防汛抢险装备，已整装待命，请指示。

现场指挥： 请待命。

天马街道： 是。

现场指挥： 报告总指挥，本次演习各项准备工作全部就绪，请指示。

总指挥： 我宣布，常山县 2016 年城市防洪应急预案实战演练，现在开始。

现场指挥： 请各参演单位迅速进入演练指定区域待命。

等待时间： 3 min。

（背景：风声、雨声、雷声，轻声交响乐黄河颂）

2. 实战演练阶段

解说员（男）： 常山县地处浙西山区，洪、涝、旱等自然灾害频发，防汛防台抗旱任务历来十分繁重。河流属山区性河流，其特点是源短流急，河床比降大，水量丰沛，年内洪枯变化较大。特殊的地理位置，地质构造、水文和气候条件在浙西山区具有代表性。全县山洪灾害防治区面积达到 882 km²，一旦发生流域性洪水，必定影响县城防洪安全。

解说员（女）： 新中国成立以来，常山县发生 5 年一遇以上流域性洪水有 19 次，如 1998 年"7·23"流域性洪水。灾害性天气造成的山体滑坡、泥石流也严重威胁着人民群众的生命财产安全。短历时强降雨天气经常造成流域性洪水泛滥，如 2011 年"6·15"常山港流域性洪水、"6·19"南门溪小流域洪水。为进一步提高我县城市防洪应急预案的实战能力，确保人民群众生命财产安全，根据县委、县政府领导指示，县防汛防旱指挥部决定在县城防洪闭合圈内的天马街道桃园小区举行常山县城市防洪应急预案实战演练。

解说员（男）： 本次演练假设主汛期某月某日发生持续强降雨，引发类似 2011 年"6·19"小流域洪灾，南门溪出现 20 年一遇洪水为背景。

解说员（女）： 县气象局上午 5 时发出暴雨天气橙色警报：未来 3 h 受冷空气和高空槽影响，我县将出现一次明显降雨过程，预计降雨量 100 mm 以上，局部地区有可能出现 150 mm 以上短时强降雨天气。有雷雨地区伴有 9～10 级雷雨大风。各地要加强防范工作。由于从前天开始我县普遍出现暴雨、大暴雨天气，全县河流、水库山塘水位全面上涨，地质灾害等级达四级，西北山区部分地区可能达到五级，极易发生严重地质灾害。县防汛办根据预警级别，已经启动防汛Ⅳ级应急响应等级，进入防汛紧急值班状态，全面做好防汛指挥调度。并及时向各乡镇、街道及有关单位发出预警，要求做好强降雨防范工作。

解说员（男）：天马街道办事处接到气象预警信息后，立即通知全体街道、社区干部和各行政村两委，做好强降雨来临的防汛抢险应对措施。

解说员（女）：水文是防汛的耳目，常山县水利局 2015 年新投入应用的洪水预报方案系统，是根据上游预报站点前期、现时及预报的未来水雨情信息，对预报站点控制断面未来一定时间内将出现的水文情势作出定性或定量的预测预报，为重要水利工程和城市防洪决策提供了科学保障依据。对常山港、南门溪的洪水预报具有重要作用。

（打电话）嘟……嘟……

水文站：是县防汛办吗？我是水文站，有重要水情信息报告。

防汛办：是的，请说。

水文站：至今天上午 8 时，全县面上日降雨量为 160 mm，其中南门溪流域杨家、龙潭、陈塘站 12 h 降雨量均超过 190 mm，上游开化日平均降雨量超过 180 mm。常山县水文站根据实时水雨情信息，通过洪水预报方案系统演算，8 时 30 分作出预报：

（1）常山港水文站断面下午 16 时将出现洪峰水位 86.70 m（超保证水位 2.7 m），相应洪峰流量 5 920 m³/s，达到 20 年一遇洪水标准。

（2）南门溪断面下午 14 时将出现洪峰水位 87.30 m（洪水位与县城定阳桥面持平），相应洪峰流量 1 200 m³/s，达到 20 年一遇标准。

后期将根据实时水雨情信息，再作滚动预报。

防汛办：我已做好记录，马上向领导汇报，请你继续加强水文监测、预报。

解说员（男）：县防指根据洪水预报情况立即召开防汛会商，经会商，县防指决定将应急响应提升至Ⅱ级，同时启动常山县城市防洪应急预案、常山县防御特大洪水方案，并向各乡镇、街道、县级防指成员单位发出紧急通知，要求全县各级防指迅速采取措施，全力做好防汛工作。

解说员（女）：常山县主城区目前城市防洪工程已形成闭合圈，城南防洪堤已建成，内河排涝泵站装机 3 台，每台功率 280 kW、排涝流量为 2.7 m³/s，泵站总排涝流量为 8.1 m³/s，设计排涝能力为 20 年一遇降雨强度。内河正常水位 82.50 m，当内河水位高于南门溪水位时，打开防洪闸门，内河水自然排入南门溪。如南门溪水位高于内河时，关闭防洪闸门，利用内河调蓄，内河水位达到 83.50 m 时，启动排涝泵站设备进行排涝，降低水位至 82.50 m。

解说员（男）：县水利局、县住建局根据水情，及时关闭内河引水闸门和内河排涝泵站闸门，启动内河排涝泵站排涝作业。

配合动作：县住建局人员关闭内河排涝泵站闸门，县水利局排涝组启动内河排涝泵站排涝作业。

解说员（女）：为切实抓好防汛防台抗旱工作，近年来常山县在推进工程体系建设的同时，不断加强防汛防台体系等非工程措施建设，切实提高基层防汛防台抗灾避险能力。自 2014 年以来，常山县积极部署，狠抓落实，全力推进县—乡—村三级防汛防台体系建设，基层防汛防台体系规范化建设工作得到了有效落实。达到"组织健全、责任落实、预案实用、预警及时、响应迅速、全民参与、救援有效、保障有力"的规范化要求，充分发挥基层一线防汛防台的主战场和主阵地作用。

解说员（男）：根据《中华人民共和国防洪法》的规定，常山县人民政府防汛防旱指挥部负责组织指挥全县防汛抗旱工作，各成员单位应密切配合、团结协作，切实履行防汛抗旱职责。根据我县防汛抗旱工作需要和各部门的职能分工，明确县防汛防旱指挥部各成员单位职责。

配合动作：县住建局人员打开桃园小区排涝泵站大门，模拟进行排涝作业。

解说员（女）：县住建局的职责主要有：做好城区排涝系统建设，负责城南小区、定阳小区、桃园小区排涝泵站运行管理工作；负责城区房屋等建筑物的防汛防台安全工作，汛前及时组织人员对城区危旧房观测、检测，负责全县房屋的安全监测；负责城区市政公用设施、房屋、建筑工地和城区地下设施防汛防台安全监督管理，汛前组织全面排查，遇灾害性天气及时组织居住在建筑工地工棚危险地点人员转移撤离。当出现特大洪水时，会同公安、民政等部门协助天马、紫港、金川街道做好城区受淹区居民转移撤离工作，并会同民政部门落实避灾场所；落实做好虎山弄水库安全管理，编制虎山弄水库应急抢险预案，确保水库安全度汛。

（打电话）嘟……嘟……

天马街道主任：喂，是县防汛办吗？

防汛办：是的，请说。

天马街道主任：我是天马街道办事处主任，现在有紧急情况报告，由于出现连续强降雨，造成桃园小区位置、西门酒厂位置、北门菜篷位置等地出现险情。现在南门溪水位较高，桃园小区排涝泵站虽尽力排水，但内涝积水现象逐渐加重，危及桃园小区群众的生命财产安全，情况十分危险，街道及社区两级已派人到现场组织当地干部群众奋力抢险，特请示县防汛防旱指挥部给予紧急援助。

防汛办：请你单位和社区按基层防汛防台体系立即组织人员转移，我马上向领导汇报并派员抢救。

解说员（男）：街道办事处、乡镇政府全面负责辖区范围的防汛抗洪工作和协助水利部门做好城区防洪排涝设施的建设、管理、检查、维护。落实辖区防汛抗洪抢险救灾措施，落实群众转移撤离措施；组织落实必要的防汛抢险队伍，汛前协助、配合建设部门组织开展城区范围内的危房进行全面检查，在防汛防台期间根据县防汛指挥部统一部署和要求，组织危房、低洼区内群众转移撤离。

解说员（女）：为做好基层防汛防台体系规范化管理，常山县就近储备防汛抢险物资，在188个村和社区全部配备防汛物资专柜，储备必要的雨衣、雨鞋、便携式工作灯、手电筒、手摇报警器、铜锣、救生衣、救生圈、抛绳、铁锹、钢镐。确保就近调用。

解说员（男）：天马街道立即组织召开街道防汛指挥部成员紧急会议，立即启动防汛相应等级应急响应和《天马街道防御特大洪水抢险方案》，街道和社区抢险救援组立即赶赴西门酒厂位置、北门菜篷位置投入防汛抢险，街道和社区群众转移安置工作组立即赶赴桃园小区转移低洼地区群众，按照防汛预案制定的方案组织群众及时撤离。

解说员（女）：天马街道立即向各片区撤离负责人下达组织群众撤离令，各片区撤离负责人立即发出撤离信号，要求及时、有序地组织群众撤离。各片区撤离负责人接到指令后，及时通知到各撤离户，组织群众安全、有序地撤往指定的安全地点。

配合动作：两名社区干部手拿铜锣、手摇报警器，进行人员转移预警，用常山话说"大水还要涨，水还要满上来的，大家赶快搬到高一点的地方"。（重复2遍）

解说员（男）：通过基层防汛防台体系规范化建设，实现基层体系建设常态化，努力提升"乡自为战""村自为战"的基层防汛能力和公众自救能力，最大程序地减少洪涝台灾害给人民群众造成的生命财产损失。

配合动作：天马街道和社区干部组织桃园小区低洼区群众转移至安全地带。

解说员（女）：县防汛防旱指挥部向相关部门发出指令，并要求各部门派出的小分队立即奔赴天马街道桃园小区出险地点（东河南路口防洪堤顶），服从防汛指挥部的指挥，实施防汛抢险救生。

解说员（男）：各部门接到县防汛防旱指挥部指令后，立即按照防汛指挥部成员单位职责分工，派出人员投入防汛抢险。

解说员（女）：县水利局负责全县防汛抗洪抢险救灾的组织、协调、监督、指导。县水利局根据天马街道反映的汛情，立即组织防汛抢险技术小分队携防汛抢险装备，赶赴天马街道各出现险情位置，现场指导防汛抢险。奔赴桃园小区的小分队，根据雨情、水情和险情，制定防汛抢险的技术措施，并提供防汛抢险专用麻袋、编织布、铁锹、钢镐等防汛抢险物资。

配合动作：水利局防汛抢险技术组到达现场，抢险物资运达现场。

县水利局总工程师向总指挥报告：报告总指挥，县水利防汛抢险技术小分队人员 5 名，携防汛抢险物资已经到达抢险现场，请指示。

报告完毕，总指挥答语：请县水利局根据防汛成员单位职责，迅速制定桃园小区防汛抢险技术措施，指导防汛抢险工作。

配合动作：水利局技术人员指导天马街道抢险队员开展堤防巡查和实施抢险动作。

解说员（男）：常山县住建局启动住建防汛抢险应急预案，立即组织防汛抢险队伍赶赴现场，加强桃园小区排涝泵站排涝力量，协助天马街道做好易受淹区居民的转移撤离工作。

配合动作：县住建局抢险队伍入场。

县住建局向总指挥报告：报告总指挥，桃园小区排涝泵站正持续排涝，县住建局抢险救灾人员 8 名已到达现场，请指示。

报告完毕，总指挥答语：请县住建局根据防汛成员单位职责，继续做好桃园小区排涝泵站排涝作业，防止洪水侵袭，并协助天马街道社区做好居民的转移撤离工作。

配合动作：县住建局继续实施排涝作业，与天马街道和社区工作人员一起再次排查有无人员滞留在受涝区。

解说员（女）：县教育局职责主要有：

（1）负责各类学校防汛安全工作，指导督促各地编制学校防汛应急预案。每年汛前组织对学校校舍进行安全检查，督促落实校舍的防汛安全措施。当出现灾害性天气时，及时组织处于明显安全隐患点下游的学校师生转移撤离，必要时实行停课放假。

（2）指导督促各地加强新建学校选址监管，严禁新建校址设在易洪易涝或可能发生地质灾害区域。对现有地质灾害影响区域的学校督促制定防治措施和搬迁计划，对已建在易洪易涝区域的学校督促建设防洪排涝工程（设施），确保学校防洪安全。

（3）加强学生防汛安全教育，特别是山塘水库下游学校师生的安全教育，督促各地学校落实保障学生在洪水、台风期间的行路安全责任制。

解说员（男）：县教育局还是城防工程护栏缺口堵筑责任单位，根据常山县城市防洪应急预案，常山港、南门溪城市防洪工程沿线缺口均落实了责任单位。一旦接到县防汛指挥部命令，各责任单位必须迅速组织人员对责任缺口进行抢堵，并负责护栏缺口上下游堤防巡堤查险。缺口堵筑所需的铁锹、锄头等工具由各责任单位自备，护栏缺口堵筑所需的麻袋、编织布由县水利局负责送到各堵筑点。县教育局负责南门溪 1 号缺口的封堵。本次地点由南门溪 4 号缺口代替。

配合动作：县教育局防汛应急抢险小分队到达现场，抢险物资运达现场。

县教育局向总指挥报告：报告总指挥，县教育局防汛应急抢险小分队 6 名队员，携防汛抢险物资已经到达抢险现场，请指示。

报告完毕，总指挥答语：请县教育局根据防汛成员单位职责，迅速封堵南门溪 4 号缺口，防止洪水侵袭。

配合动作：县教育局实施缺口封堵作业。

解说员（女）：县公安局（交警大队）职责主要有：

（1）负责抗洪抢险救灾现场的治安保卫工作，制定具体可操作的一般灾害、重大灾害、特大灾害警力调集方案。当发生重大险情时，根据抢险需要和防汛指挥部的通知，及时调集警力自带救生衣、处警装备赶到抢险现场，做好治安保卫，协助组织受灾群众转移撤离，并积极投入抗洪抢险工作。

（2）当发生特大洪水时，协助做好城区受淹区群众的转移撤离工作，采取一切措施维护社会治安和稳定。

（3）根据汛情和抗洪抢险的需要，必要时根据县防汛指挥部指令实施公路交通管制，并确保防汛抢险救灾物资、防汛抢险车辆、设备和队伍优先通行。

县公安局向总指挥报告：报告总指挥，县公安局治安及交通管制小分队 9 名队员到达抢险现场，请指示。

报告完毕，总指挥答语：请公安局民警迅速进入灾区做好治安保卫和交通管制工作，确保人民生命财产安全。

配合动作： 4 名民警进入抢险现场，做好治安保卫。4 名交警对有关单位至桃园小区路段实施道路交通管制，保证抢险车辆优先通过。

解说员（男）： 县人武部职责主要有：

（1）执行国家赋予的抗洪抢险任务，负责协调驻常各部队根据地方政府要求参加抗洪抢险，全县民兵抗洪抢险队伍的组织、集训和指挥。

（2）组建县本级应急抗洪抢险队伍，抢险队员必须配备救生衣等抢险救护器具，掌握应急抗洪抢险的基础知识和技能；确保随时能够投入抢险。每年 4 月中旬前完成抢险队伍人员登记造册和应急抢险队伍的集训。

（3）建立 1 支水上应急抢险小分队，每人配备救生衣和抢险救灾工具，并开展必要的训练，确保每个队员掌握应急抗洪抢险和水上救援的基础知识和技能。

（4）在出现特大洪水时，根据县防汛防旱指挥部的要求，负责向上级申请支援本县抗洪抢险的部队，并做好有关接应工作。

配合动作： 水上应急救生小分队及装备抵达现场。

人武部向总指挥报告： 报告总指挥，人武部水上救生小分队 10 名，携防汛抢险救生装备，现到达抢险现场，请指示。

报告完毕，总指挥答语： 请人武部迅速组织水上救生小分队投入桃园小区被洪水围困群众的救生工作，确保群众生命安全。

配合动作： 水上救援队员携带救生衣、救生圈、救生绳等装备开展人员搜救工作。

解说员（女）： 县消防大队职责主要有：

（1）组建 1 支应急抗洪抢险队伍，人数不少于 20 人，抢险队员必须配备救生衣等抢险救护器具，掌握应急抗洪抢险的基础知识和技能；每年 4 月中旬前完成抢险队伍人员登记造册和应急抢险队伍的集训。

（2）在汛情紧急期间，根据县防汛防旱指挥部的要求，派驻县防汛指挥部联络员，协助落实有关抗洪抢险任务。

县消防大队向总指挥报告： 报告总指挥，县消防大队队员 5 名，已到达抢险现场，请指示。

报告完毕，总指挥答语： 请县消防大队迅速投入桃园小区被洪水围困群众的救生工作，确保群众生命安全。

配合动作： 县消防大队官兵和县人武部官兵携带救生衣、救生圈、救生绳等装备共同将 2 名被困人员救起，并送至安全地点。

解说员（男）：县供电局职责主要有：

（1）负责防洪排涝、抗洪抢险的电力供应，落实遭遇特大洪水时 1 台以上的备用电源设备。当出现重大险情时，在接到县防汛防旱指挥部通知后，抢险人员及时赶到现场提供抢险用电。

（2）负责防汛防旱指挥部和县气象局、县水文站等防汛重要部门供电保障工作，在输电线路设备不受灾害影响的情况下，要求 2 h 内恢复供电，紧急状态时要求在 1 h 内恢复供电。

（3）组织两支以上电力抢险队伍，及时修复洪涝台灾害损坏的供电设施。

（4）做好水库电站发电调度工作，汛期尽量满足水库电站发电要求，以降低库水位，增加调洪库容；旱季协助县防汛防旱指挥部做好水库电站科学发电调度，按下游用水需求进行发电供水。

配合动作：电力抢修队伍、车辆入场。

县供电局向总指挥报告：报告总指挥，县供电局电力应急抢修小分队队员 6 名、1 部抢修车及电力抢险器材，全部到达抢险现场，请指示。

报告完毕，总指挥答语：请县供电局根据防汛成员单位职责，迅速投入桃园小区电力线路的紧急抢险，架设临时照明灯，保障桃园小区抢险的顺利进行。

配合动作：供电公司实施电力设施抢修。对淹没区用电设施进行隔离、切断电源保证抢险时安全。架设临时照明设施，确保夜间抢险顺利进行，并保证电力供应及安全。

解说员（女）：县电信局职责主要有：

（1）协助防汛、气象、国土等部门利用电信系统手机短信平台发布灾害性天气即时预警工作，并落实责任制。

（2）保障防汛指挥部、气象、水文等防汛重要部门属于电信系统的通信、信息网络畅通，一般情况下要求 2 h 内恢复，紧急状态时要求 1 h 内恢复。

（3）负责抗洪抢险的通信保障，在接到防汛防旱指挥部通知后 2 h 内架通抢险现场通信设备。当发生特大洪水和突发性重大险情时，为县防汛指挥部提供 1 台以上卫星通信设备，确保发生灾害点防汛抢险临时指挥所与外界的联系。

配合动作：电信抢险车辆进入现场。

县电信局向总指挥报告：报告总指挥，县电信局通信线路抢修小分队队员 10 名、1 部抢修车、1 部卫星通信电话，全部到达抢险现场，请指示。

报告完毕，总指挥答语：请县电信局根据防汛成员单位职责，迅速投入桃园小区通信线路的紧急抢险，调试好卫星电话，保障通信畅通。

配合动作：电信局实施抢修动作。

解说员（男）：县民政局职责主要有：

（1）编制全县重特大灾害避险场所规划，指导督促各地加强避灾场所建设和管理，落实县城 5 000 m² 以上的避灾场所。

（2）当发生特大洪水时，协助各乡镇人民政府、街道办事处做好灾民安置和生活救助工作，协助做好城区受淹居民的转移撤离工作。

（3）落实 30 顶帐篷及矿泉水、方便面等灾民必需的生活用品储备任务。

配合动作：救灾安置小分队和救灾物资到达现场。

县民政局向总指挥报告：报告总指挥，县民政局救灾安置小分队 5 名队员，携救灾安置物资，现到达抢险现场，请指示。

报告完毕，总指挥答语：请县民政局妥善安置桃园小区受灾群众，迅速做好灾情统计工作。

配合动作：县民政局向受灾群众发放生活物品，初步核查灾情。

解说员（女）：县卫计局职责主要有：

（1）负责医疗系统的防汛安全，当发生特大洪水时，及时组织人员和设备的转移和撤离。

（2）组织落实两支抗洪抢险救灾一线医疗队，并落实车辆和医疗设备。

（3）落实洪灾防疫药品储备任务。当发生流域性大洪水时，及时组织开展灾区卫生防疫工作。

配合动作：应急救护小分队和救护车到达现场。

县卫计委向总指挥报告：报告总指挥，县卫计局卫生防疫小分队 5 名队员，携防疫装备，到达抢险现场，请指示。

报告完毕，总指挥答语：请县卫计局防疫小分队立即投入桃园小区卫生防疫工作，确保灾害过后无疫情。

配合动作：县卫计委实施医疗救护和卫生防疫作业。

天马街道主任向总指挥报告：报告总指挥，天马街道桃园小区在这次暴雨洪水中必须转移的 20 名群众已全部转移到安全地点。灾情正在初步核查。堤防缺口已封堵稳定，险情已得到控制。供电、通信线路恢复，受灾区域已经开展防疫作业。

总指挥答语：辛苦了。

3．演练总结阶段

解说员（男）：各位领导、各位来宾，防汛抢险预案演练任务已按预定计划圆满完成，各单位参演人员列队进入主席台前指定位置。观摩区人员请到主席台前列队。

配合动作：各单位参演人员、观摩区人员按顺序列队进入主会场。

解说员（女）：根据演练活动安排，下面请常山县人民政府副县长、县防汛防旱总指挥对本次演练活动进行点评。

配合动作：总指挥进行点评。

现场指挥宣布：常山县 2016 年城市防洪应急预案实战演练到此结束，谢谢大家！（请县领导与实战演习的部队官兵，部门、单位干部职工握手致谢）。

在领导全部退场之前播音乐。

案例 30　银山坞山塘库区大塌方抢险

1. 山塘概况

银山坞山塘位于常山县紫港街道外港村麦坞自然村，距麦坞自然村约 100 m，距离常山县城约 3.85 km。山塘坝址以上集水面积 0.37 km²，主流长 0.78 km，主流平均坡降为 5.5%。山塘总库容 4.8 万 m³，是一座以灌溉为主的山（2）型山塘。其下游有麦坞自然村农村居民点、农田和电力线路及乡村道路等重要基础设施。

根据《浙江省山塘综合整治技术导则》的规定，银山坞山塘属山（2）型山塘，工程等别为Ⅶ等，建筑物级别为 7 级，洪水标准采用 10 年一遇设计，50 年一遇校核。

工程枢纽由大坝、溢洪道、放水涵管等建筑物组成。大坝为均质土坝，最大坝高 9.6 m，坝顶高程 130.20 m，坝长 55 m，坝顶宽 4.5～5.0 m。大坝上游坝坡坡比为 1:0.5～1:1.2，下游坡比为 1:1～1:1.75，下游坝脚设有贴坡排水设施；溢洪道位于坝体左端，为开敞式正槽溢洪道，现状溢洪道控制段堰宽 4.0 m，堰顶高程 128.95 m；放水涵管为砼管，位于大坝右端，采用斜拉式启闭设施，配套启闭机房，运行情况正常。

2. 出险情况

2015 年 7 月 23 日 18 时左右，银山坞山塘库区内由于违法开挖高边坡，造成山体滑坡，正在进行开采作业的一辆挖掘机、一辆铲车及两名作业人员被埋（后被挖出，已死亡）。大量土石方（估算约 2 万 m³）瞬间滑入库区，强大冲击波造成库水漫过坝顶，外坝坡冲刷严重，排水棱体被冲毁（见图 4-1）。下游农田冲毁 10 余亩，未造成下游人员伤亡。

3. 抢险过程

3.1　制定临时应急措施

事件发生后，常山县委、县政府高度重视，立即组织公安、国土、水利、

图 4-1　下游坝坡冲刷严重

安监、紫港街道等相关单位，成立临时抢险指挥部，根据现场情况制定应急方案。县水利局立即制定以下临时应急措施：

（1）要求紫港街道、外港村组织山塘下游人员紧急转移。

（2）打开涵管放水，尽力降低库水位。

（3）组织技术人员对大坝进行巡查检查。

（4）根据现场实际情况，采取强制排水方案。

（5）请求衢州市抢险支队调集防汛抢救车援助。

（6）指派专人负责山塘不间断巡查，发现问题及时上报；禁止下游坝脚道路通行。

（7）在进库道路、坝顶、坝脚、库区等位置设置安全警示牌，防止无关人员进入。

3.2　抢险主要工作

3.2.1　抢救人员

调集施工力量（挖掘机、铲车及人员），填筑临时道路，自库区塌方处往外进行地毯式开挖坍塌土方，搜寻被埋驾驶人员。至 24 日 4 时 30 分左右发现一具尸体，6 时抬出；另一名直至 24 日（库水基本排干后）晚上才找到，也已死亡。

3.2.2　强制排水

由于县防汛排涝泵功率小，排水效果差，因此紧急请求上级防汛部门支援。

衢州市抢险支队防汛抢救车连夜赶赴现场，进行强制排水。截至 24 日 11 时，库水基本排干。

3.2.3　大坝安全认定

24 日上午，县水利局紧急委托衢州市水利水电勘测设计有限公司对银山坞山塘的坝体进行安全认定，勘察人员进场作业。

初步评价大坝在水库低水位状况下整体稳定，但需做好下游坝坡水土保持防护措施及下游道路安全防护，坝脚可能造成渗透破坏。溢洪道进口段及泄槽上游段基本较好，泄槽下游段存在安全隐患，易对左坝体引起冲刷、对下游道路及农田引起破坏。放水涵管结构基本稳定，需对进口及下游渠道进行疏通，下游道路埋管需疏通。总体结论是山塘不能正常运行，需进行除险加固。

3.2.4　事故调查

常山县人民政府组织调查组，相关部门责任，包括安监、国土、林业、水利、街道等，对造成事件的原因做进一步的调查分析。初步认定山塘库区开挖作业属违法行为，牵涉砂石资源、生态公益林。本事故造成两人死亡，主要责任人员除已死亡的人员外，已由公安部门负责查处。同时，要求街道办事处做好死亡人员亲属安抚工作。

案例 31 球川镇庙子背山塘抢险

1. 山塘概况

庙子背山塘位于常山县球川镇沙安村，总库容 3.6 万 m³，集雨面积 0.51 km²，坝高 13 m，坝顶长 42 m，坝顶宽 4 m，为黏土心墙坝，上游坝坡坡比为 1:2.0，下游坝坡坡比为 1:1.75，正槽式溢洪道宽 6 m。山塘主要建筑物有大坝、溢洪道、坝下涵管、排水棱体。

2. 出险情况

2017 年 6 月 27 日上午 7 时左右，庙子背山塘巡查员彭某在巡查山塘时发现险情，立即向球川镇水利员汇报情况。7 时 40 分县防汛指挥部办公室值班电话接到球川镇险情报告，县水利抢险技术组 20 min 后即携防汛物资赴球川镇庙子背山塘指导抢险工作。

县水利抢险技术组赶到现场查看，发现庙子背山塘左侧外坝坡发生整体滑动，沉陷约 1 m。立即组织鉴别险情，查明出险原因，因地制宜，根据当地、当时的人力、物力及抢险技术水平，制定出抢险方案并立即抢护坝坡。据抢险技术组初步判断，由于连续强降雨，土体含水量高，高水位持续时间长，在渗水压力作用下，浸润线升高，土体抗剪强度降低，在渗透压力和土重增大的情况下，引起滑坡。

图 4-2 现场情况

3. 抢险措施

水利抢险技术组立即采取以下应急措施：一是启闭机全开放水，尽量降低库水位，至 13 时水位已经降低 1.5 m；二是组织人员加强对大坝的观测和巡查检查，未发现有新滑动迹象；三是组织人员用彩条布遮掩坝体，防止雨水继续渗入坝体加重险情；四是组织人员，就地取材，采用重物固脚阻滑方式阻止坝体滑动。球川镇及时组织抢险队到达现场，投入抢险。

险情不除，抢险不止。县水利抢险技术组仍在现场指导抢险，球川镇抢险队员 30 名、现场抢险机械 2 台正继续实施固脚作业。已经使用宽 6 m、长 25 m 彩条布 7 捆，编织袋 1 000 只。至 17 时，常山县球川镇庙子背山塘水位已经降低 1.7 m，固脚阻滑抢险作业完成，庙子背山塘险情已经得到有效控制，该山塘险情未造成下游人员伤亡。下一步将继续降低库水位，加强对大坝的观测和巡查检查，确保安全。

图 4-3 现场情况

案例 32　南门溪人工预测洪水

对于集雨面积较小的流域，往往没有洪水预报系统，当强降雨降临时，需要人工计算进行预测，可采用浙江省推理公式估算洪峰流量。

基本公式：

$$Q = 0.278Ci_kF$$

式中：Q——洪峰流量，m^3/s；

　　　C——洪峰径流系数，取 $C=0.90$；

　　　i_k——实测暴雨强度，mm/h；

　　　F——集雨面积。

洪峰到达时间可按汇流时间，按下式计算：

$$\tau = \tau_坡 + \tau_槽$$

式中：$\tau_坡$——水流流经山坡所需时间，取 0.3 h；

　　　$\tau_槽$——水流流经溪槽所需时间，按下式确定：$\tau_槽 = L/(3.6\,V)$；

　　　L——由山坡脚算起的主流长度（km），V—溪槽中洪水流速（m/s）。

"2011.6.15" 水文站实测常山港洪峰流量达 5 400 m^3/s，超过 10 年一遇洪峰流量。6 月 18 日深夜，强降雨再次来临，此次强降雨本县范围特大，比上游开化县明显大，"2011.6.19" 洪峰已不可避免。

6 月 19 日上午约 9 时，分管防汛的副局长叫我预测南门溪洪峰流量，并说这是防汛指挥部领导的要求。一项责任重大且具有挑战性的任务突然落在我身上，这是对专业技术人员的考验。干流常山港洪峰一直都是由县水文站通过系统软件进行预测，而支流南门溪没有自动预测系统，突然需要人工快速预测南门溪流域由于短时强降雨产生的洪峰，一时不知所措，该如何下手？

毕竟，我是一个具有 30 年水利工作经验的专业技术人员，稍一停顿就有了思路：先收集暴雨资料，由实测暴雨资料推求洪峰流量。这不是学校里学过的吗？时间紧迫，不容过多耽搁，况且南门溪流域集雨面积不到 200 km^2（约 180 km^2），加上只是预测，因此，我用推理公式法计算洪峰流量即可。

一算吓一跳，洪峰流量竟然会超过 1 000 m^3/s。如果按原城防规划，则南门溪流域已超过 20 年一遇洪水标准，也就是说超过了防洪堤设计标准。结果出人意料，我又核算了一遍，还是如此。洪峰到达时间如何确定呢？突然灵机一动：这不就是汇流时间吗？于是找到最大时段降雨时间，在早上 7 时至 8 时，推算出洪峰将在 14 时左右到达县城出口。10 点钟不到，我提交了南门溪洪峰预测结果：

洪峰流量 1 100 m³/s，洪峰到达时间约 14 时，定阳桥下游洪水位超 87.20 m。

其实洪峰流量稍有保留，因为已大大超过南门溪"1998.07.23"洪水。事后宣布洪峰流量为 1 200 m³/s。

这时，南门溪已告急，防汛指挥部已组织抢险，原来是定阳小区由于排涝站没实施完成，有洪水倒灌漫入该小区。我告知领导们："只要坚持到下午 2 时，洪峰就过去了。"

这是第一次独自人工预测洪峰流量，如果与实际情况相差过大，我将会有一种强烈的失败感。专业技术人员有时压力真大！终于传来好消息：下午 1 时 30 分左右定阳桥上游（距南门溪出口约 1.5 km），水位已不再涨，洪峰终于到了，到南门溪出口时间基本吻合。

我终于长长地舒了一口气。然后默默地转向其他防汛工作……

案例33　城防常山港施工期间抢险

1999 年 4 月 17 日，刚刚进入汛期（浙江省 4 月 15 日进入汛期），常山港就发生了当年最大的洪水。常山（二）站（县水文站）实测洪峰流量 2 760 m³/s。虽然，洪水重现期不到 5 年，但洪水位已超过警戒水位约 0.50 m。这给正在施工的常山港右岸的县城防洪工程造成突如其来的考验。举全县之力、"砸锅卖铁"而开工的城防工程，于 1998 年 12 正式破土动工，这是施工期的第一个汛期。

基础赶在汛期前完成，然而开挖高边坡被洪水冲刷，不断地塌方，旁边的民居已岌岌可危。如果任其发展下去，将影响到整幢楼房的安危，那将造成一场灾难。事关生命财产安全，怎么办？闻讯而来的防汛指挥机构领导一时不知所措。

大家都是第一次经历这样的险情。请专家？开会讨论？但险情容不得犹豫，我当即提议，采用抛石护脚保护边坡。领导当场采纳了我的建议，立即组织抢险。抛石从何去拿？远水解不了近渴，时间不等人，我们马上组织力量，把施工单位准备砌防洪堤而用的块石，包括面石等，一起抛进洪水中……终于抛石高于水面，边坡也不再塌方，楼房保住了！

反思：在紧急时刻，牵涉安全问题不容片刻犹豫，防汛抢险措施要快速制定、果断实施。这就要求专业技术人员具备丰富的经验和知识，第一时间提供给领导决策。《中华人民共和国防洪法》规定：在紧急防汛期，防汛指挥机构根据防汛抗洪的需要，有权在其管辖范围内调用物资、设备、交通运输工具和人力，决定采取必要的紧急措施。因此，在第一现场，要充分利用一切对紧急处置有利的因素，以最快的时间解除险情。

案例 34 东乡大坞水库抢险

1. 工程概况

东乡大坞水库位于常山县辉埠镇东乡村，水系属常山港流域，坝址以上集水面积 0.82 km²，主河道长 1.71 km，河道比降 5.65%。水库正常蓄水位 130.90 m，正常蓄水库容 8.72 万 m³，校核洪水位 132.45 m，总库容 13.63 万 m³。水库是一座以农业灌溉为主，结合防洪、养殖等综合利用的小（2）型水库，灌溉面积约 350 亩。大坝设计洪水标准为 20 年一遇，校核洪水标准为 200 年一遇。

东乡大坞水库始建于 1957 年。2018 年 6 月，经常山县水利局审定，大坝鉴定为"二类坝"。2019 年进行除险加固。除险加固工程于 2019 年 4 月 18 日开工，主体工程于 2019 年 12 月 10 日完工。主要加固内容为：大坝坝体防渗采用套井回填黏土方案，平整坝顶高程至 134.05 m；迎水坡采用干砌块石护坡和草皮护坡，背水坡采用框格草皮护坡；下游坝脚设简易排水体；改造溢洪道，增设消力设施；封堵原坝内涵管，新建输水涵管在大坝左侧，采用非开挖定向钻钻孔；新建启闭机房及扩建改造上坝道路等。概算总投资 412 万元。

水库主要建筑物由大坝、溢洪道和输水涵管等组成。

大坝为均质土坝，最大坝高 15.2 m，坝顶高程 134.05 m，坝顶长 95 m，坝顶宽度 5.5 m，沥青砼路面。上游坝坡 132.95 m 高程以下为干砌块石护坡，132.95 m 高程至坝顶为绿化带，坡比 1:2.2；下游坝坡为粗条石框格草皮护坡，坡比 1:2.5；简易排水体干砌块石挡墙高 1.5 m，采用粗条石压顶，顶宽 1.2 m，顶高程 119.00 m。

溢洪道位于主坝左坝肩，为开敞式正槽溢洪道，堰型为宽顶堰，堰顶高程 130.90 m，溢洪道全长 150 m。

输水涵管位于大坝左侧，采用定向非开挖敷管技术埋设输水管，全长 78 m，管内径 0.3 m。

2. 出险情况

2020 年 6 月 5 日约 6 时，水库巡查员在巡查中发现大坝下游坝坡有滑坡趋势，局部已滑动。巡查员立即报告至辉埠镇人民政府。镇政府接到报告后，立即派人赶赴现场。

6 时 54 分，县林业水利局接到险情报告，立即组织技术人员赶赴现场，判断险情，指导抢险工作。主要险情为：

（1）大坝下游坝坡（位于坝中间段）在高程 125.00 m 以下，表面层已经滑坡，滑坡体面积约 600 m²，平均厚度 1 m 左右；并发现 1 个集中出水点，高程在 122.00 m 左右。

（2）经过检查并简单处理，在大坝下游坝坡右坝肩岸坡排水沟外侧，发现第 2 个集中出水点，高程约 122.80 m。

（3）大坝顶靠左坝侧沥青砼出现纵向裂缝，缝宽 0.5～1.0 cm，总长约 15 m，不连续。

（4）下游坝坡坡脚简易排水体干砌块石挡墙，出现开裂、向下游倾斜现象。

3. 抢险措施

鉴于水库水位居高不下，大雨仍然下个不停，为防止险情扩大，保证水库及下游人民生命财产安全，水行政主管部门和镇人民政府立即组织抢险工作，并同时上报上级有关部门。

3.1　组织措施

（1）立即成立现场临时指挥部，统一指挥抢险工作。镇人民政府启动应急预案，全力投入水库抢险工作。

（2）水库下游东乡村 7 户 25 人立即组织转移。

（3）调用抢险物资、组织抢险队员以最快速度到达现场抢险。

（4）现场设置警戒线，禁止非抢险车辆上坝顶，以免加重大坝荷载。

3.2　技术措施

3.2.1　减低水库水位

（1）放水涵管全开排水：原涵管放水尚留有约 10 cm 开度未全开，当心下游冲刷。当时立即进行全开排水。8 时水库水位为 130.10 m，比正常蓄水位低 0.80 m。由于降雨库区径流，涵管全开只能基本持平，不让水位上升。从 8 时至 11 时三个小时，水位只下降了 1 cm 左右。

（2）机械强排：调用县应急物资仓库 3 台水泵，请求市防汛抢险支队排涝车支援，6 台水泵，实际排水总流量约 1 500 m³/h，13 时 9 分正式开始抽水，往溢洪道向下游排水。另外省水利防汛技术中心抢险排涝车也赶赴现场支援，22 时 50 分正式开始抽水，7 台水泵，排水总流量约 3 000 m³/h。到 6 日（次日）17 时结束，机械强排持续时间 26 h，水位降至 126.21 m，水位共下降 3.89 m，抽水总量约 8 万 m³。

（3）放水涵管保持全开状态，到 6 月 8 日，水库水位已降至 124.10 m。

3.2.2 下游坝脚加固

鉴于下游坝坡坡脚简易排水体干砌块石挡墙，已出现开裂、向下游倾斜现象。而挡墙是坝坡的基础，如果挡墙倒塌，则滑坡将加剧，严重影响大坝稳定安全。因此，加固坝脚是抢险的关键。

根据实际情况，简易排水体挡墙顶平台宽 1.2 m，采用粗条石铺砌，高 1.5 m，挡墙紧接坝脚排水沟（上游侧墙），排水沟内孔宽 0.5 m，下游还有宽约 3 m 的平台（埋设灌溉管道后回填），顶高程只稍低于挡墙平台顶高程 0.2 m 左右。如果把排水沟填满，坝脚将形成宽约 4.7 m 的平台，这样对防止滑坡扩大、保证大坝安全大大有利，基本可以控制险情加剧。于是立即组织抢险队伍，用编织袋装砾石，把坝脚排水沟进行回填。为了安全起见，防止下游坝坡滑坡蔓延，坝坡上禁止机械作业，因此，采用人工作业，组织抢险队伍 100 余人。先从挡墙已明显变形的位置开始回填，到 16 时左右，长 52.1 m 的坝脚排水沟全部回填完毕。

3.2.3 人工排水作业

由于前期降雨量较大，据附近（距 2.2 km）塘底大坝遥测站统计，从 6 月 2 日 18 时至 3 日 18 时，最大 24 h 降雨量达 100.0 mm。而出险的当天（6 月 5 日），最大雨强达 12.0 mm/h，发生在 8 时至 9 时。强降雨渗入坝体，将加剧滑坡。因此坝坡面排水非常重要。

（1）采用彩条塑料布把整个坝面遮盖住，每块彩条布间注意搭接，总用约 3 500 m²，防止降水渗入坝体，使降水直接排向下游坝脚外。

（2）坝面与岸坡集中出水点，采用导渗将水排向下游坝脚外。坝面集中出水点挖排水沟，用彩条布铺设沟底进行导排；岸坡集中出水点挖排水沟后，用碎石回填导排。

（3）在坝脚排水沟预留排水孔，导排坝体渗漏水。

3.2.4 加强观测测量

（1）水库水位定时进行观测，保持放水涵管全开状态。

（2）坝顶沥青砼路面纵向裂缝，安排专人定时进行量测，观测其宽度和长度，并做好记录。从观测结果不看，裂缝并未扩张。

4. 原因分析

造成大坝下游坝坡局部滑坡的原因是多方面的，主要有：

（1）强降雨造成的次生灾害：据附近（距 2.2 km）塘底大坞遥测站统计，从 6 月 2 日 17 时至 5 日 17 时，72 h 降雨量达 167.5 mm。强降雨造成坝体及山体含水率很高，右岸山体绕渗至下游坝体，在薄弱处出现集中出水点，造成坝坡浅层滑动。

（2）坝体排水不畅：由于未设排水棱体，下游坝坡坡脚只有简易排水体(干砌块石挡墙加砂、石子等反滤料)，不能有效降低渗流出逸点高程。下游坝坡简易排水体以上，全部采用条石框格草皮护坡，铺设种植土厚 0.30 m，种植土粘料含量较高，加上水库水位居高不下，在强降雨和渗流水的双重作用下，产生渗透变形，引起滑坡。

（3）坝体结构上的原因：下游坝坡原来坡比 1:1.9，在 2019 年除险加固中放缓至 1:2.5，回填部分坝体填筑不均匀（施工道路以下比较密实），新老坝体土的固结程度也相差很大，易造成薄弱环节，形成渗流通道，局部加大渗透比降，产生渗透破坏。

5. 经验教训

通过东乡大坞水库抢险实践，主要在尽快降低水位、结构设计、增加抢险力量等方面，值得反思，有待提高。

（1）尽快降低水位：小型水库放水涵管一般管径在 0.30~0.50 m，只能满足灌溉放水需要。靠放水涵管降低水位效果甚微，尤其是汛期强降雨时，入库流量较大，放水涵管难以降低水位。在紧急状态下，要尽快降低水位，需设计有较大泄流能力的放空洞。

（2）结构设计：坝体排水必须做到能自由地向坝外排出全部渗透水。简易排水体效果往往不好，宜优先选用排水棱体形式。下游加大坝体的回填土，宜选用透水性较好的砂性土，同时应按反滤要求设计。坝坡与岸坡连接处的排水沟，应加大断面，计算时要考虑岸坡集水面积在内。

（3）增强抢险力量：充分利用基层防汛防台体系，增强县、乡、村三级抢险力量，县级宜配备抢险强排车。提高抢险队伍素质，使抢险人员熟悉相关知识，听从指挥，快速反应。

案例 35 芙蓉水库 2004 年淹没区防御洪水方案

1. 前言

芙蓉水库是经浙江省人民政府批准的《钱塘江流域综合规划报告》中确定的芳村溪流域治理骨干工程，工程以防洪、发电为主，结合灌溉、供水等综合利用，为目前常山港上最大的水利骨干工程。水库正常蓄水位 275.08 m，相应库容 8 135 万 m³，总库容 9 580 万 m³，发电总装机 2×8 000 kW。

该工程建设由常山县人民政府组织实施，2003 年 3 月 6 日动工，到 2004 年 2 月底，大坝已浇筑到 251 m 高程。由于各种原因，库区淹没区范围人口迁移工作相对滞后，目前在 100 年一遇洪水淹没线以下，有 4 个行政村，12 个自然村，458 户，2 108 人口未迁移。由于库区地形复杂，多山溪沟，一旦遭遇较大洪水，库区群众生命财产极有可能造成重大损失。为保障广大群众的生命安全，最大限度地避免或减轻洪灾损失，特编制常山县芙蓉水库 2004 年淹没区防御洪水方案。

本方案编制目的主要是在库区移民不能及时解决的情况下，为避免或减少库区在遭遇洪水情况下造成群众伤亡，为县政府和水库建设单位在遭遇洪水时，及时有序组织群众安全撤离决策提供基本依据。

2. 水库工程概况

2.1 自然地理

芙蓉水库位于常山港支流芳村溪的上游，水库坝址位于常山县东北部，原芙蓉乡政府下游约 1.5 km 处，距常山县城 33 km，距衢州市 67 km；电站厂址位于原回龙桥二级电站处，离大坝约 2 km。

芙蓉水库坝址在芳村溪上游两源（东源溪、芙蓉溪）汇合处下游；坝址以上集雨面积 126 km²，主流河长 18.9 km，河道平均坡降 14.3‰。芙蓉水库库区地形属褶皱断坡中低山类型，东北高，西南低。

2.2　水文气象特性

2.2.1　水文特性

芳村溪属典型的山溪性河流。洪水暴涨暴落。春末夏初（4月—7月中旬），由于副热带高压逐渐加强，与北方冷空气交馁，静止锋徘徊，形成长时间连绵不断的阴雨天气，经常发生洪水，称为梅汛期，夏秋季节（7月中旬—10月中旬）受太平洋副高压控制，以晴热高温天气为主，但期间台风、热带风暴和气旋等天气，往往造成短历时大暴雨，形成突发性洪灾。由于地形的影响，芳村溪流域常常为常山县甚至衢州市在较大梅雨洪水和秋季短历时降水的暴雨中心。

2.2.2　气象特性

芳村溪流域地处亚热带季风气候区，受东南季风影响属温暖湿润地区，四季分明，光照充足，降水丰沛，多年平均降雨量为 1 920.5 mm。据流域附近常山县气象站观测资料统计分析，多年平均气温 17.3℃，极端最高气温 40.7℃，极端最低气温 −9.2℃，年平均日照时数 1 726 h。

2.3　社会经济概况

芙蓉水库库区房屋迁移线 277.78 m 以下共有总户数 1 022 户，总人口 3 728 人，其中农业人口 3 436 人，非农业人口 292 人，库区土地征用线 275.58 m 以下总耕地面积 1 956.78 亩，其中水田 1 333.72 亩，旱地 623.06 亩。当地农村经济以种植业为主，主要农作物有水稻、小麦、番薯、玉米、油菜等。据统计资料，芙蓉、新桥两乡 2002 年前，耕地 3 年平均每亩产值分别为 869 元和 881 元，库区淹没区各行政村基本情况见表 4-10。

库区交通有芳新线四级公路沿东源经坞口、毛良坞等居民点，通往新桥乡，跨坝段公路高程目前已改建到高程 280 m 以上。芙西线等外公路沿西源连接芙蓉、前旺、西岭脚各村庄，此条等外公路目前维持原状。水库建成后芳新线公路需改建（或改道）。

表 4-10　库区淹没区各行政村基本情况

村名	村民小组	农业人口	耕地/亩		人均耕地/亩	年人均纯收入/元
			水田	旱地		
芙蓉	15	1 462	609.07	298.5	0.62	2 046
前旺	16	1 266	318	194.8	0.40	1 674

村名	村民小组	农业人口	耕地/亩		人均耕地/亩	年人均纯收入/元
			水田	旱地		
坞口	6	449	210.7	121.7	0.74	1 692
毛良坞	10	416	144	87.8	0.56	3 309
前庄畈	12	777	212	134.3	0.44	2 200
合计	59	4 370	1 493.8	837.1	0.53	2 048

此外，库区目前有 10 kV 输电线路 13.5 km，有线电视线路 36 km、广播线 6 km、电信光缆线 7.5 km、电缆线 16 km 等设施，继续维持使用。

3. 工程概况及建设施工进度

3.1 工程概况及主要参数

芙蓉水库位于常山县的东北部原芙蓉乡。水库坝址位于芙蓉乡政府下游 1.5 km 处，电站厂房位于坝址下游 2 km 处。工程任务为：以防洪、发电为主，结合灌溉、供水等综合利用。工程建成后，水库拦洪削峰，可使芳村溪下游乡镇的防洪标准从目前的不足 3 年一遇提高到 10～20 年一遇，并充分利用芳村溪较为丰富的水力资源，为地方电网提供优质电能；同时为下游两万多亩耕地提供充足的灌溉水源，并承担常山县城的城市供水任务。

水库总库容 9 580 万 m³，电站总装机容量 2×8 000 kW，属中型水库，工程等别为Ⅲ等，主要建筑物有拦河大坝、发电引水建筑物、发电厂及升压站等。

拦河坝、发电引水隧洞进水口等主要建筑物为 3 级，设计洪水标准为 100 年一遇，校核标准为 1 000 年一遇；发电引水建筑物（进水口除外）、发电厂、升压站等次要建筑物为 4 级，设计洪水标准为 50 年一遇，校核标准为 100 年一遇；居民点、企事业单位和公路、电力、水利设施等专业项目迁移线采用 20 年一遇洪水回水标准，土地征用线按 5 年一遇洪水回水标准，林地按正常蓄水位平水。

拦河大坝位于回龙桥峡谷中段、回龙桥一级电站下游 100 m 处。坝型采用砼双曲拱坝，坝顶高程 279.08 m，最大坝高 66.0 m。防浪墙顶高程 280.18 m，坝顶中心线弧长 201.3 m，宽 6.5 m。坝体材料为 C15W6 砼。

泄水建筑物采用坝顶表孔泄洪，共设 3 孔，每孔净宽 6 m，堰顶高程

272.08 m，溢流堰为 WES 低实用堰，弧形钢闸门控制。出口采用挑流消能。

工程主要参数见表 4-11。

表 4-11 芙蓉水库工程特性

序号及名称	单位	数量	备注
一、水文			
（1）流域面积			
芳村溪全流域	km²	354.2	
坝址以上	km²	126	
（2）利用的水文系列年限	年	49	1952—2000
（3）多年平均年径流量	亿 m³	1.638	
（4）代表性流量			
多年平均流量	m³/s	5.19	
设计洪水流量	m³/s	1 042	$P = 1\%$
校核洪水流量	m³/s	1 416	$P = 0.1\%$
（5）洪量			
设计洪水洪量（3 天）	万 m³	4 091	
校核洪水洪量（3 天）	万 m³	5 467	
二、水库			
（1）水库水位			
校核洪水位	m	278.77	$P = 0.1\%$
设计洪水位	m	277.39	$P = 1\%$
正常蓄水位	m	275.08	
死水位	m	245.08	
（2）正常蓄水位时水库面积	km²	3.72	
（3）水库库容			
总库容	万 m³	9 580	
正常蓄水位以下库容	万 m³	8 135	
防洪库容	万 m³	1 362	
死库容	万 m³	941	
（4）库容系数	%	43.9	
（5）调节特性		多年调节	
（6）水量利用系数	%	88.9	
三、淹没损失及工程永久占地			
（1）淹没耕地（$P = 20\%$）	亩	1 957	
其中：水田	亩	1 334	
旱地	亩	623	
林地	亩	1 444	
建设用地	亩	706	

序号及名称	单位	数量	备注
（2）迁移人口（$P=5\%$）	人	3 606	
（3）淹没区房屋	万 m²	17.02	
（4）淹没区公路长度	km	8	
（5）淹没区电信线及输电线长度	km	79	
（6）淹没区电站	座	2	640 kW+2 320 kW
（7）工程永久占地	亩	290	

3.2 建设管理模式

芙蓉水库建设由常山县人民政府组织实施，县政府成立常山县芙蓉水库建设领导小组，作为工程建设的领导机构，同时成立常山县芙蓉水库建设指挥部，为工程建设管理的工作机构，下设综合办公室、政策处理科、安置建设服务办公室、工程技术科，工程项目法人为浙江常山联动水利水电发展有限公司，工程建设业主为常山县芙蓉水电有限公司。

通过招投标，该工程大坝由丽水市汇力水电建设有限公司承建，厂房由中国水电十二局基础工程公司承建。

3.3 2004年施工进度计划及工程形象进度

3.3.1 2004年施工进度计划

2月底大坝浇筑至251 m高程，4月15日大坝浇筑至260.8 m高程，10月底完成大坝浇筑任务，11月初开始封拱灌浆。

3.3.2 工程形象进度

工程于2003年3月开工以来，进展顺利，到2004年2月底工程进展情况如下。

3.3.2.1 导流洞工程

目前导流洞尺寸为6 m×5 m（宽×高），全长367 m，2003年3月6日开工，已于当年6月20日贯通过流。

3.3.2.2 大坝工程

大坝基础土石方开挖于2003年8月底结束，9月9日开始浇筑大坝砼，到2004年2月底，大坝导流底孔（闸门）砼浇筑已全部完成，灌浆、排水、观测廊道底板和侧墙也已浇筑完成，大坝高程已经浇筑至 251 m。

3.3.2.3　发电引水洞

进水口明挖部分已完成，洞挖部分共完成开挖 1 446 m。

3.3.2.4　发电厂房

厂房砼已浇筑至高程 154.00 m，金属蜗壳已安装完毕。

4. 库区淹没政策处理及移民工作进展情况

4.1　库区淹没处理标准及范围

根据 DL/T 5064—1996《水电工程水库淹没处理规划设计规范》和工程实际情况，选择不同淹没对象的淹没处理标准：居民点、企事业单位和公路、电力、水利设施等专业项目迁移线采用 20 年一遇洪水回水标准，土地征用线按 5 年一遇洪水回水标准，林地按正常蓄水位平水。

水库周围及库盆的岩石一般致密，隔水性能好，不存在永久性渗漏和浸没影响；水库区东西两源岸坡基本稳定，不存在严重的、大范围坍岸问题；水库兴建后，周围无大范围居民点和成片农田，浸没、坍岸影响的可能性很小。

按照上述设计洪水标准和计算成果，确定淹没处理范围为：

（1）人口、房屋、专项设施迁移（征用）线：277.78 m；

（2）耕园地征用线：275.58 m；

（3）林地征用线：275.08 m。

水库相应库面面积 3.72 km²，水库西源末端位于芙蓉乡前旺村，水库东源末端在新桥乡的毛良坞村，淹没人口、土地涉及 7 个行政村。

4.2　移民安置工作进展情况

根据常山县的实际，移民安置设"一区两点"，即球川镇红旗岗安置区、天马镇新都新村安置点和芳村镇芳新小区安置点。经库区移民的自愿选择，安置在红旗岗的有 954 户，新都新村的有 39 户，芳村小区的 16 户，投靠（自行）安置的有 13 户。

到 2004 年 2 月底，移民安置进展情况为：

（1）移民建房宅基地安排情况：红旗岗安置区和新都新村安置点的宅基已经到户，芳新小区移民安置的生活用地还未全部调剂到位。

（2）移民地区（点）建房情况：到目前为止，进红旗岗安置区建房的有

400 多户（占 2/5），新都新村安置点建房的有 20 户。

（3）移民建房条件具备情况：红旗岗安置区预计在 2004 年 3 月底前，除 69 户桩基础外，基础统建完毕，移民可进区建房；新都新村安置点已具备建房条件；芳新小区待土地调剂到位后就可进点建房。

5. 各种频率暴雨洪水分析及淹没范围划分

5.1 水文基本资料

设计流域地处亚热带季风气候区，受东南季风影响，温暖湿润，四季分明，光照充足，降水丰沛。据流域附近常山气象站多年观测资料统计：平均气温 17.3℃，极端最高气温 40.7℃，极端最低气温 -9.2℃，平均蒸发量 1 333.4 mm，平均相对湿度 81%，平均日照时数 1 725.8 h，平均风速 1.0 m/s，实测最大风速 17.0 m/s（相应风向为 NNE）。根据当地实际，分梅汛期（4 月 16 日—7 月 15 日）、台汛期（7 月 16 日—10 月 15 日）和非汛期（10 月 16 日—次年 4 月 15 日）。本流域发生洪水次数频繁，主要成因为大面积梅雨，降水历时长、总量大，洪水过程峰高量大。

芳村溪流域内仅有芳村降水量观测站，该站设立于 1957 年。流域附近有七里牌、白马、招贤等降水量观测站，资料可供设计使用。流域内无水文测站，邻近的芝溪流域有严村水文站，该站设立于 1957 年，观测项目有降水、水位、流量等，集水面积 180 km²。水文测站情况见表 4-12。

表 4-12 水文测站一览

水系	河名	站名	设立年份	观测项目
衢江	常山港	芳村	1957	降水量
衢江	衢江	七里牌	1957	降水量
新安江	新安江	白马	1951	降水量
衢江	常山港	招贤	1961	降水量
衢江	芝溪	严村	1957	降水量、水位、流量
衢江	常山港	长风	1957	降水量、水位、流量、泥沙

5.2 暴雨分析

水库库区采用芳村、白马和七里牌站以泰森多边形法计算流域面雨量，经计算分析,芳村、白马和七里牌站面积权重系数分别为:0.277、0.426 和 0.297。年降水量统计系列为 1958—2000 年共计 43 年,流域多年平均年降水量为 1 920.5 mm。

流域面暴雨采用同场雨取样,统计设计流域年最大、梅汛、台汛和非汛期最大一日及三日暴雨。各站系列长短不一,通过相关计算插补展延资料系列,求得暴雨系列 1952—2000 年共计 49 年。经对不同历时暴雨资料分别进行频率计算,并以 P–Ⅲ 曲线适线拟合,从而求得各频率设计暴雨,见表 4–13。

表 4–13 设计暴雨成果

分期	历时	均值/mm	C_v	C_v/C_s	各频率雨量/mm				
					1%	2%	5%	10%	20%
年最大	1 h				85.3	77.3	66.4	58.1	48.8
	6 h				158	150	129	113	95
	1 d	108	0.4	3	244	221	190	166	140
	24 h				276	250	215	188	158
	3 d	178	0.38	3	388	354	306	269	228
梅汛期	1 d	98	0.4	3	221	201	173	150	127
	24 h				250	227	195	170	144
	3 d	166	0.4	3	375	340	293	255	215
台汛期	1 d	67	0.54	3	190	168	138	115	91
	24 h				215	190	156	130	103
	3 d	100	0.54	3	283	250	206	172	136
非汛期	1 d	54	0.34	3	110	101	89	79	68
	24 h				124	114	101	89	77
	3 d	94	0.34	3	191	175	154	137	118

各设计频率最大一日暴雨乘以 1.13 倍即为相应频率的最大 24 h 雨量。

5.3 洪水分析

5.3.1 设计雨型

三日暴雨过程设计,参照邻近工程设计雨型,日程排列见表 4–14。

表 4-14　雨型日程排列

日程	一	二	三	备　注
占 H_{24}		1.0		H_{24}—最大 24 h 暴雨
占（$H_三-H_{24}$）	0.45		0.55	$H_三$—最大三日暴雨

芙蓉水库库区设计暴雨日程分配见表 4-15。

表 4-15　设计暴雨日程分配

频率 P/%	设计暴雨/mm		日程分配/mm		
	H_{24}	$H_三$	第一天	第二天	第三天
1	276	388	50.4	276	61.6
2	250	354	46.8	250	57.2
5	215	306	41.0	215	50.0
10	188	269	36.5	188	44.5
20	158	228	31.5	158	38.5

时程排列采用《浙江省可能最大暴雨图集》中排列规则，雨峰排列在第 21 h，各日时程排列均相同。

暴雨衰减指数采用：$N \geqslant 100$ 年，取 0.6；

$N < 100$ 年，取 0.63。

5.3.2　设计洪水

由上述设计暴雨及其日程、时程分配，可求得设计流域各日逐时段降水。产流计算采用蓄满产流简易扣损法，$I_m = 100$ mm，初损为 25 mm，最大一日后损 1 mm/h，其他日后损为 0.5 mm/h。

设计洪水过程线采用《浙江省瞬时单位线法》推求。设计洪水成果见表 4-16。

表 4-16　芙蓉水库设计洪水成果

位置	面积/km²	项目	P/%				
			1	2	5	10	20
芙蓉水库	126	Q_m	1 042	967	801	676	557
		Q_m/F	8.3	7.7	6.4	5.4	4.4
		W	4 091	3 667	3 065	2 600	2 085

5.4　各种频率暴雨洪水淹没高程分析

5.4.1　调洪演算

（1）基本资料

芙蓉水库属中型水库，工程等别为Ⅲ等，拦河坝设计洪水标准为 100 年一遇，校核标准为 1 000 年一遇。

2004 年防御洪水方案中，分别取 5 年、10 年、20 年、50 年和 100 年一遇洪水进行调节计算。水库水位—容积关系见表 4－17。

表 4－17　芙蓉水库水位—容积关系

水位/m	容积/10⁴ m³	水位/m	容积/10⁴ m³
217	0	245	941
220	2	250	1 639
225	6	255	2 526
230	11	260	3 608
235	120	265	4 893
240	434	270	6 397

原回龙桥一级电站大坝为堰顶溢流的重力坝，堰顶高程 231.1 m，最大坝高 14.1 m，堰顶长 65 m。水位低于 231.1 m 时，由导流隧洞单独泄水；水位高于 231.1 m 时，洪水从原回龙桥一级电站大坝溢流，通过正在施工的拱坝坝体中的导流底孔，由导流底孔和导流隧洞共同泄洪。

导流隧洞为 6.0 m×5.0 m（宽×高）城门洞型，进口底高程为 222 m，出口底高程为 217.5 m，全长 367 m。导流底孔为 2 m×2.5 m（宽×高）城门洞型，底高程 216.0 m，长 14 m。

（2）泄流量计算

导流隧洞无压时按明渠计算，有压时按孔口出流计算；导流底孔从原回龙桥一级电站大坝溢流时开始计算泄流量，按孔口出流计算。孔口出流计算公式如下：

$$Q = \mu A \sqrt{2gH_0}$$

式中：μ——流量系数；

　　　A——泄水孔断面积；

　　　H_0—— $H_0 = H + \dfrac{\alpha_0 v_0^2}{2g}$，$H$ 为水库水位与出口水面之间的高差。

考虑到导流底孔尺寸为 2 m×2.5 m，导流隧洞尺寸为 6 m×5 m，而发生洪水期间木料等大体积漂浮物较多，存在漂浮物堵塞导流底孔和导流隧洞的可能性，所以存在 4 种工况：① 导流底孔和导流隧道联合运用的正常工况；② 导流隧道单独泄水工况；③ 大坝高度控制在 251 m 以下，导流底孔和导流隧道均被堵塞，坝顶溢流工况；④ 大坝高度不控制，导流底孔和导流隧道均被堵塞，洪水全部蓄在库区工况，泄流量按第 1 种和第 2 种工况分别进行计算，成果见表 4-18。

表 4-18　泄流计算成果

水位/m	导流洞泄水量/（m³/s）	导流孔泄水量/（m³/s）	总泄水流量/（m³/s）	水位/m	导流洞泄水量/（m³/s）	导流孔泄水量/（m³/s）	总泄水流量/（m³/s）
222	0	0	0	241	156	62	218
223	14	0	14	242	160	64	224
224	38	0	38	243	164	65	229
225	65	0	65	244	168	66	234
226	88	0	88	245	172	68	240
227	89	0	89	246	176	69	245
228	90	0	90	247	179	70	250
229	92	0	92	248	183	71	254
230	99	0	99	249	187	73	259
231	106	0	106	250	190	74	264
232	112	48	160	251	193	75	268
233	117	50	168	252	197	76	273
234	123	52	175	253	200	77	277
235	128	53	182	254	203	78	282
236	133	55	188	255	207	80	286
237	138	57	195	256	210	81	290
238	143	58	201	257	213	82	295
239	147	60	207	258	216	83	299
240	152	61	213	259	219	84	303

（3）洪水调节计算

以水库容积曲线和泄流曲线为条件，按照水量平衡原理逐时段递推法，推求 4 种工况水库洪水位、库容及下泄流量过程，见表 4-19。

表 4-19　水库调洪成果

洪水频率 P/%	入库最大流量 Q_{max}/(m³/s)	导流洞单独泄洪情况			导流洞、导流孔共同泄洪情况			导流洞和底孔堵塞	
								坝高251 m	坝高无限制
		最高水位 Z/m	最大库容 V/万m³	最大下泄流量 Q_{max}/(m³/s)	最高水位 Z/m	最大库容 V/万m³	最大下泄流量 Q_{max}/(m³/s)	最高水位 Z/m	最高水位 Z/m
1	1 042	248.2	1 391	184	246.4	1 128	247	253.4	261.9
2	967	246.5	1 156	178	245.1	954	241	253.1	260.2
5	801	244.3	870	169	242.8	720	228	252.1	257.5
10	676	242.4	671	162	241.1	545	219	251.65	255.3
20	557	240.6	498	154	239.5	400	210	251.2	252.5

5.4.2　淹没高程分析

由调洪演算结果可知，在导流隧洞和导流底孔共同泄洪的情况下，库区洪水频率达 100 年一遇标准时，最高洪水位为 246.4 m。大坝能达到安全度汛标准，库区仍有大面积淹没。

当导流隧洞单独泄洪情况下，库区洪水频率达 100 年一遇标准时，最高洪水位为 248.2 m。至 2004 年 2 月底，大坝砼浇筑至 251 m 高程，大坝能达到安全度汛标准，库区将受大面积淹没。

如果导流隧洞和导流底孔都堵塞，坝顶高程控制在 251 m 以下，坝顶溢流，库区洪水频率达 100 年一遇标准时，最高洪水位为 253.4 m。

如果导流隧洞和导流底孔都堵塞，大坝施工进度不控制，坝顶不溢流，库区洪水频率达 100 年一遇标准时，最高洪水位为 261.9 m。

5.5　淹没范围划分

根据调洪演算结果和淹没区房屋人口分布情况，采用较不利工况，即导流隧洞单独泄水工况，按计算洪水位加一定的超高和便于操作原则确定各设计洪水频率的淹没高程，见表 4-20。

表 4-20　各设计频率撤离高程

设计洪水频率	1%	2%	5%	10%	20%
撤离高程/m	249	247	245	243	241

根据地形和房屋分布情况，5 年一遇、10 年一遇、20 年一遇和 50 年一遇

标准回水翘尾影响较小。100 年一遇标准洪水河道流量较大，回水翘尾影响较大，经计算东源回水终点为毛良坞村，撤离高程为 271 m，西源回水终点为坝头村，撤离高程为 259 m。

淹没区整个移民范围，一般按自然村分区，较大自然村按弄堂走向分区，个别较小自然村根据地形进行合并。淹没区分区情况见表 4-21。

表 4-21　淹没区分区情况

分区名	行政村名	自然村名	总数		百年一遇以下		高程/m
			户数	人口	户数	人口	
一区	芙蓉村	东山脚、外东山脚	55	205	30	120	240～264
二区	芙蓉村	塔山底	79	299	79	616	236～252
三区	芙蓉村	芙蓉	47	173	47	173	235～236
四区	芙蓉村	芙蓉	33	106	33	106	235～236
五区	芙蓉村	芙蓉	44	169	44	169	236
六区	芙蓉村	芙蓉	47	163	47	163	236
七区	芙蓉村	芙蓉	32	118	33	236	236
八区	芙蓉村	张坞	47	177	46	172	236～246
九区	芙蓉村	前山	21	85	11	49	242～246
十区	前旺村	山头	110	427	16	52	238～258
十一区	前旺村	前旺	79	298	13	50	253～279
十二区	前旺村	坝头	88	313	25	89	251～285
十三区	前旺村	坝头	20	65	0	0	266～290
十四区	前旺村	樟舍	63	242	0	0	266～290
十五区	坞口村	东山底	19	58	13	37	244～255
十六区	坞口村	溪埠头	44	197	4	14	246～270
十七区	坞口村	坞口	81	255	0	0	253～267
十八区	毛良坞村	毛良坞	191	351	17	62	270～279
合计	4 个	14 个	1 100	3 701	458	2 108	

（以上表格中二区含芙蓉初中 1 户，322 人；七区含芙蓉小学 1 户，118 人）

根据表 4-21 成果，利用常山县水利局测绘的 1:1 000 地形图划分各设计频率淹没区，统计各淹没区受淹情况，成果见表 4-22。

表 4 – 22　各设计频率淹没情况

设计洪水频率	20%	10%	5%	2%	1%
户数	295	313	354	367	458
人口	1 513	1 585	1 730	1 779	2 108

6. 水库建筑物和下游安全度汛

6.1　水库建筑物安全度汛

梅雨期 10 年、20 年一遇洪水，按目前施工进度，大坝砼已浇筑至 251 m 高程，大坝可以安全度汛。梅雨期 50 年一遇洪水，根据施工进度计划，到 4 月 15 日大坝砼将 260.8 m 高程，能安全度汛。

按目前施工进度计划，在 2004 年 6 月底大坝能浇筑至 268 m 以上，台汛期大坝也能安全度汛。

发电引水洞进口高程为 235 m，在度汛期间，发电引水洞应停止施工，撤离有关人员和设备，并在洞口布置临时围堰，阻止洪水进入洞内，保证洞内安全。

厂房在洪水来临之前应停止施工，撤离有关人员和设备，确保度汛安全。

6.2　下游度汛安全

由于芙蓉水库大坝本身在汛期已能挡水，可以拦蓄洪水，所以已能对天然洪水起到一定的调节作用，使下游洪水较天然状况小，所以，下游仍可按往年的防洪预案进行度汛。

7. 组织撤离方案及救灾方案

7.1　组织撤离及救灾的管理体系

根据《中华人民共和国防洪法》第三十八条关于"防汛抗洪工作实行各级人民政府行政首长负责制，统一指挥、分级分部门负责"的规定和芙蓉水库建设管理的实际情况，建议成立常山县芙蓉水库防汛指挥中心。芙蓉水库在洪水期间群众撤离和救灾工作，由常山县人民政府负总责，常山县芙蓉水库防汛指挥中心在常山县人民政府和水库建设领导小组的领导下，具体负责组织实施，常山县人民政府防汛防旱指挥部负责指导和监督。库区芙蓉乡政府、新桥乡政府，在县人民政府、水库建设领导小组和县防汛防旱指挥部的领导和指导下，协同常山县芙蓉水库防汛指挥中心具体负责汛期群众转移撤离和救灾工作各项措施的落实。常山县各有关部门、水库工程建设业主和施工单位，根据县政府、水库建设领导小组、县防汛防旱指挥部和常山县芙蓉水库防汛指挥中心的要求，配合协助做好群众转移撤离和救灾有关工作。

7.2 各有关单位职责

根据常山县人民政府防汛防旱指挥部成员单位职责，结合芙蓉水库建设实际情况，为保障芙蓉水库库区防洪安全，各有关单位主要职责如下。

7.2.1 县人武部

执行国家赋予的抗洪抢险任务，组织芙蓉水库防汛抢险队伍，并根据县防汛防旱指挥部的调遣，及时投入抗洪抢险。

7.2.2 县水利局

（1）做好县防汛防旱指挥部办公室的日常工作，及时掌握库区水情雨情和天气变化趋势，指导、监督芙蓉水库防汛指挥中心全面做好库区防汛抗洪和淹没区群众转移撤离工作。

（2）负责库区汛情、灾情的收集、汇报工作，根据芙蓉水库抗洪抢险实际情况，提出抢险意见，当好领导参谋。

7.2.3 县气象局

（1）做好天气预测预报工作，及时向芙蓉水库防汛指挥中心提供暴雨、台风等灾害性天气预报及有关气象信息，正常状态每星期报送一次气象信息，异常天气和汛情紧急状态随时预报，随时报送芙蓉水库防汛指挥中心；

（2）当出现异常天气和灾害性天气时，及时通过电视、广播、报纸向社会公布天气预报。

7.2.4 县水文站

做好汛情预报，及时收集芙蓉水库库区降雨情况、库区水位情况等；及时向县防汛防旱指挥部提供库区降雨量、水位等水文信息，参加防汛决策。

7.2.5 县规划建设局

负责洪水过后芙蓉水库淹没区群众房屋质量全面检查和鉴定，提出撤离群众返回的具体方案。

7.2.6 县财政局

负责筹集库区抗洪救灾资金。

7.2.7　县民政局

（1）及时掌握灾情，重大灾情的汇总并报县政府办公室和县防汛办公室，经核对后及时报上级主管部门；

（2）负责救灾物资储备和灾后库区灾民的赈灾救灾工作。

7.2.8　县供电局

（1）负责库区防汛、抗洪抢险的用电供应，当出现重大险情时，在接到防汛防旱指挥部通知后，抢修人员2 h内赶到现场，及时提供抢修用电；

（2）在3月20日前，把库区输电线路迁移至100年一遇水位以上安全地带；

（3）负责县防汛防旱指挥部、县气象局、县水文站、常山县芙蓉水库防汛指挥中心、芙蓉乡政府等重要部门供电保障工作；

（4）组织必要的抢险队伍，及时修复洪灾损坏的供电设施。

7.2.9　县电信局

（1）3月20日前把通信光缆和机房移至100年一遇洪水位以上安全地带；

（2）保障防汛防旱指挥部、气象、水文、常山县芙蓉水库防汛指挥中心、芙蓉乡政府等防汛重要部门的通信、信息网络畅通，一般情况下要求2 h内恢复通信，紧急状态下要求1 h内恢复通信；

（3）负责督促联通、移动公司做好库区通信信号的保障工作。

7.2.10　县公安局

（1）负责抗洪抢险救灾的治安保卫工作，当发生重大险情时，根据抢险的需要和芙蓉水库防汛指挥中心的通知，在1 h内调集必要的警力赶到抢险现场，负责治安保卫、协助组织库区群众撤离和参加抢险工作；

（2）根据汛情和抗洪抢险的需要，实施公路交通管制，并确保防汛抢险救灾车辆优先通行；

（3）在群众撤离过程中协助做好群众财产的保护工作，以免在撤离过程中发生哄抢、偷盗财产现象。

7.2.11　县交通局

（1）负责及时抢修出险桥梁、道路，确保抢险物资及时送达抢险地点，灾后及时组织水毁公路、桥梁修复；

（2）根据汛情，必要时协助公安部门做好公路交通的管制；

（3）负责抗洪抢险救灾物资运输车辆，要求3月底前落实好县本级能调用3辆5 t以上抢险用车，确保车况良好。

7.2.12 县国土资源局

负责地质灾害的防治组织、监督工作，3月底前组织库区地质灾害险情隐患地点的调查，督促当地乡政府落实防治措施，协助做好河道清障工作。

7.2.13 县教育局

（1）负责库区学校防汛安全工作，汛期前组织学校房屋的安全检查，协助学生师生安全转移工作；

（2）加强师生防汛安全教育，提高师生防汛安全意识。

7.2.14 县卫生局

（1）负责洪灾后的卫生防疫工作，3月底前储备好必要的防疫药品，灾后及时组织消毒防疫；

（2）负责红十字会系统救灾款物的接收和下拨工作；

（3）负责库区医疗系统的防汛安全，当发生特大洪水时，及时组织人员和设备的转移和撤离。

7.2.15 县广电局

（1）3月20日前把广播、电视等线路机房设备移到100年一遇洪水位以上安全地带；

（2）负责利用广播、电视等新闻媒体积极宣传《中华人民共和国防洪法》等法律法规，及时宣传报道抗洪抢险情况，并主动积极向上级新闻部门报送稿件，突发性事件和重大灾情消息的报道，需经县政府办公室审核后才能播放；

（3）灾后及时组织广播、电视杆线的修复，并及时编辑库区抗洪救灾录像专辑。

7.2.16 财产保险公司

及时做好库区群众财产保险和灾后理赔工作。

7.2.17 芙蓉乡政府、新桥乡政府

（1）负责本辖区内库区淹没区防汛预案的宣传、组织、落实、实施；

（2）从3月1日起建立每天24 h值班制度，每班必须有领导带班值班；

（3）遇到突发暴雨洪水，主动及时组织抗洪抢险，并向芙蓉水库防汛指挥中心和县防汛指挥部报告。

7.2.18 常山县芙蓉水电有限公司

负责坝址水位、雨量观测设备的建设，做好水位、雨量观测、记录、上报工作。协助常山县芙蓉水库防汛指挥中心做好库区防汛预案实施工作。

7.2.19 施工单位

负责所承担工程项目本身安全度汛，协助业主做好库区淹没区防汛预案实施工作。

7.3 撤离及救灾准备工作

防洪工作的基本方针是"以防为主"。在水库大坝浇筑不断加高，库区群众迁移尚未全部实施，群众生命财产随时都有可能遭受严重威胁的情况下，应及早做好库区度汛准备工作。

编制本方案的目标是：在芙蓉水库淹没区遭遇不同频率洪水时，尽可能做到预警预报及时、安全有序撤离，做到预报及时、撤离及时、安全撤离、妥善安置。

7.3.1 思想准备

常山县人民政府、水库建设领导小组、水库防汛指挥中心、县防汛防旱指挥部、芙蓉乡政府、新桥乡政府及常山县各有关部门，都要以对人民生命财产高度负责的精神，高度重视汛期芙蓉水库库区群众撤离和救灾工作，专题研究落实各项措施，实行具体明确的工作责任制，确保群众撤离和救灾工作的及时、有序、有效地进行。

7.3.2 物资准备

为保证汛期库区撤离转移和救灾工作的顺利进行，确保人民生命财产的安全，在3月中旬前库区建议做好下列物资准备工作。

（1）库区100年一遇洪水淹没线以下每户配备防水强光照明灯1只，蜡烛50支以上；

（2）按5年一遇洪水淹没线以下每5户（不足5户的自然村，按自然村计算）配备帐篷1顶，并在3月中旬前整平地基，搭好帐篷，建好道路；

（3）库区现场配橡皮艇（或冲锋舟）两艘；

（4）库区100年一遇洪水位以下淹没区的群众从3月中旬开始储备3天以上的干粮、饮用水等。芙蓉水库防汛指挥中心和两个乡政府应储备一定的干粮和饮用水，并储备一般疾病的药品等，以备急用；

（5）水库工地配备12马力以上柴油发电机3台，并储备柴油1 t以上；

（6）抢险救灾用麻绳50条，雨鞋、雨衣若干；

（7）工地现场储备草包或麻袋1 000条上；

（8）工地现场储备木料50根，毛竹50根；

（9）二～八区每区配备救生衣 5 件。

7.3.3　交通、通信等准备

（1）交通

水库工地在汛期期限内必须保留两辆以上车辆。

（2）通信

水库建设领导小组成员，县防汛指挥部成员，水库防汛指挥中心成员和业务骨干、施工单位五大员、芙蓉乡政府和新桥乡政府的正/副职领导、水利员及有关人员须自备手机，并实行每天 24 h 开机制度。库区受淹村各村两委主要负责人和每个自然村的撤离负责人，应配备手机或固定电话，并 3 月中旬前配备到位。对手机信号不通的自然村，要求在 3 月中旬前要新建中继站。

7.3.4　抢险应急信号准备

由于山区道路、通信和地形条件的限制，为避免夜间遭遇特大暴雨洪水袭击，常山县芙蓉水库防汛指挥中心应统一抢险应急信号，例如在高程 275.08 m 以上安装高音喇叭，并设备用电源。

7.3.5　宣传准备

对库区防洪抢险的各项措施和一些具体的规定，在 3 月中旬前各村都要召开村民大会进行广泛宣传，并将有关要求和规定印发每家每户，使之家喻户晓。

7.3.6　抢险队伍的准备

芙蓉水库库区汛前各村要成立防汛抢险队伍，组织工作由乡政府负责落实。常山县芙蓉水电有限公司要组织以大坝施工队伍为主的抢险队伍，汛期服从防汛指挥中心的调遣。

7.3.7　组织演习

在库区防洪救灾各项准备措施基本落实后，在 3 月中、下旬，库区每个行政村都要组织演习，发现问题及时修正撤离和救灾方案。

7.4　各受淹点撤离点及线路

根据水文分析和调洪计算，在百年一遇洪水位以下有 4 个行政村，12 个自然村，15 个分区，458 户，2 108 人。撤离地点均设置在百年一遇洪水位以上，一次撤离到位。各受淹区撤离地点及路线分述如下。

7.4.1　一区撤离点及线路

该区由东山脚和外东山脚两个自然村组成，共有 30 户，120 人，撤离地点为芙蓉罐头厂东侧橘树地和外东山脚东侧两块山坡地，该片橘树地超过

5 000 m²，两块山坡地面积均为 700 m²，能满足撤离要求。大部分可沿原有道路撤向撤离点，部分户和撤离点附近需临时修建撤离道路。

7.4.2 二区撤离点及线路

该区为塔山底自然村，有 79 户 616 人（包含芙蓉中学 322 人）。撤离地点为芙蓉中学北侧两块山坡地，面积分别为 1 700 m² 和 1 800 m²，能满足撤离要求。大部分可沿原有道路撤向撤离地点，部分户和撤离地点附近需临时修建撤离道路。

7.4.3 三～七区撤离点及线路

芙蓉村三、四、五、六、七等 5 个区所有居民均在 5 年（$P=20\%$）一遇标准水位以下，计 204 户、847 人（含小学 118 人），而东侧是干坑小溪，南侧和西侧是芙蓉溪，唯一撤离方向就是北侧，但目前无可供撤离平台。村北侧有一座小山，高程 255 m 以上面积为 5 000 m²，推平后可作为撤离平台，该撤离点作为三、四、六等 3 个区 127 户 442 人的撤离点，该 3 个区群众通过厅头角至大桥头弄堂、祠堂门至大桥头弄堂和村边临时修建道路 300 m 撤向撤离点。村北侧较远处山坡上需平整 4 000 m²，作为五、七区两个区 76 户 405 人撤离点，五区群众通过村西边临时修建的 400 m 撤离道路撤向撤离点，七区群众通过村东边临时修建的 300 m 撤离道路撤向撤离点。

该 5 个撤离区开辟撤离平台需开挖土石方约 6 万 m²，修建撤离道路 1 km，开辟撤离平台和修建撤离道路需投资 80 万元。

7.4.4 八区撤离点及线路

该区为张坞自然村，有 46 户 172 人。撤离地点为村东北和西北两块山坡地，面积分别为 1 300 m² 和 1 000 m²，能满足撤离要求。东北侧撤离地点需要修建约 40 m 上山撤离道路，西北侧撤离地点需要修建约 180 m 上山撤离道路。

7.4.5 九区撤离点及线路

该区为前山自然村，有 11 户 49 人。该区居民均沿山脚分布，撤离地点为屋后山坡地，能满足撤离要求。需要修建上山撤离道路。

7.4.6 十区撤离点及线路

该区为山头自然村，有 16 户 52 人。撤离地点为附近居民点，能满足撤离要求。

7.4.7 十一区撤离点及线路

该区为前旺自然村，有 13 户 50 人。撤离地点为附近居民点，能满足撤离要求。

7.4.8　十二区撤离点及线路

该区为坝头自然村，芙蓉溪西片有 25 户 89 人。撤离地点为附近居民点和北侧山坡地，能满足撤离要求。

7.4.9　十五区撤离点及线路

该区为东山底自然村，有 13 户 37 人。撤离地点为村东侧山坡地，面积为 1 500 m²，能满足撤离要求。

7.4.10　十六区撤离点及线路

该区为溪埠头自然村，有 4 户 14 人。撤离地点为附近居民点，能满足撤离要求。

7.4.11　十八区撤离点及线路

该区为毛良坞自然村，有 17 户 62 人。撤离地点为附近居民点，能满足撤离要求。

7.5　组织群众转移撤离和抗洪抢险规程

7.5.1　汛期期限

根据芙蓉水库库区的气象、水文特点和库区群众生命财产极易受洪水威胁的情况，芙蓉水库防汛期限为有可能出现集中降雨造成库区水位提高，淹没库区群众房屋，威胁群众生命财产安全的任何时间，一般为 3—10 月期间。

7.5.2　防汛值班制度

芙蓉水库防汛指挥中心、芙蓉乡政府、新桥乡政府和库区淹没区范围的各行政村，人口较集中的自然村、水库大坝、电站施工单位等汛期都要建立每天 24 h 值班制度，同时实行领导带班值班。各乡、村、各施工单位和县防汛防旱指挥部的值班人员安排、值班地点、值班电话号码，由芙蓉水库防汛指挥中心汇总后，统一印发给各乡、村和施工单位，并上报芙蓉水库建设领导小组和县防汛防旱指挥部。

7.5.3　汛情灾情收集报告制度

7.5.3.1　汛情收集报告

雨情水情由雨量站、水位站观测人员按雨量、水位观测报告收集制度先报常山县芙蓉水库防汛指挥中心值班室，同时报县防汛防旱指挥部办公室。芙蓉水库防汛指挥中心值班室要加强与常山县气象部门的联系，随时掌握当地天气实况和变化趋势。

7.5.3.2　灾情收集报告

灾情和突发险情由各村村民委员会收集向乡政府防汛值班室报告，乡政府防汛值班室收到重大灾情和险情报告后，应立即向乡政府主要领导汇报，并在10 min 内向常山县芙蓉水库防汛指挥中心防汛值班室报告，同时向县防汛防旱指挥部办公室报告，县防汛防旱指挥部办公室和芙蓉水库防汛指挥中心值班室接到报告后，应立即向本单位领导报告，有关领导接到报告后，应立即向县政府和芙蓉水库建设领导小组的领导报告。

7.5.4　群众转移撤离和抗洪抢险组织指挥规程

7.5.4.1　调度指挥的基本制度、组织淹没区群众撤离和返回程序

库区防汛、群众转移撤离和救灾工作在县政府的领导下，由芙蓉水库防汛指挥中心统一指挥调度，县防汛防旱指挥部负责指导督查。

芙蓉水库防汛指挥中心接到汛情、险情、灾情报告后，要立即向县政府报告，并根据县政府的指令迅速通知库区各乡政府立即启动防洪预案，组织群众转移撤离和开展防洪抢险救灾工作。

洪水过后，城建部门应对受淹房屋进行一次全面检查，并把结果上报常山县人民政府，常山县人民政府向常山县芙蓉水库防汛指挥中心下达群众返回命令，由水库防汛指挥中心组织群众返回工作。

7.5.4.2　特殊情况下组织撤离程序

在紧急情况下，库区各乡、村可根据当时实际发生的汛情、灾情，自行组织群众转移撤离和抢险救灾工作，同时向芙蓉水库防汛指挥中心报告。

当手机、电话无法联络，人员无法迅速通知时，各乡、村由现场主要负责人决定，启用紧急信号。淹没区范围群众收到应急信号时，应自觉向规定的撤离地点进行转移。

7.5.4.3　学校的防洪和撤离程序

当预报有暴雨天气，库区道路、房屋可能受淹时，库区所有学校一律停课放假。如学生在校期间发生洪水，芙蓉乡政府应立即派人到各学校，督促学校负责学生的转移撤离和安全工作，并将情况及时报告芙蓉水库防汛指挥中心和当地乡政府。

7.5.4.4　机关和重要部门档案转移要求

库区芙蓉乡政府、信用社及各单位、各村的档案和重要资料，应在3月中旬前全部外迁，以确保档案资料的安全。芙蓉乡政府在库区群众迁移工作完成之前，应在库区淹没线 275 m 以上搭建临时指挥所，以确保在遭遇特大洪水时

及时有序组织群众转移。

7.5.5 各种暴雨洪水组织群众转移撤离的标准

根据各设计频率洪水位和受淹区群众房屋高程，确定 5 年一遇、20 年一遇和 100 年一遇三种洪水标准（见表 4−23）。

7.5.5.1 第一阶段撤离标准

当库水位达 231 m，3 h 内降雨量达 73.2 mm（为库区各雨量站加权平均值，下同）或 6 h 内降雨量达 94.6 mm，且天气继续下雨，库水位继续上涨时，应组织 5 年一遇洪水位淹没线以下的群众立即进行转移。

7.5.5.2 第二阶段撤离标准

当库水位达 235 m，3 h 内降雨量达 99.5 mm 或 6 h 内降雨量达 128.8 mm，且天气继续下雨，库水位继续上涨时，应立即继续组织 5~20 年一遇洪水淹没范围的群众转移撤离。

7.5.5.3 第三阶段撤离标准

当库水位达 240 m，3 h 内降雨量达 120.1 mm 或 6 h 内降雨量达 158.4 mm，且天气继续下雨，库水位继续上涨时，应立即组织 20~100 年一遇洪水淹没范围的群众转移撤离。

表 4−23 撤离标准

撤离标准	3 h 雨量	6 h 雨量	库区水位
5 年一遇	73.2 mm	94.6 mm	231 m
20 年一遇	99.5 mm	128.8 mm	235 m
100 年一遇	120.1 mm	158.4 mm	240 m

7.6 后勤保障措施

7.6.1 加强检查

汛前和汛中每个月，芙蓉水库防汛指挥中心应组织库区各乡和各村对防汛物资、照明设备、抢险船只及防汛抗洪准备工作都要进行全面检查，发现问题及时进行改进落实。

7.6.2 社会治安

群众撤离过程中公安部门应做好治安巡逻工作，以免撤离过程中发生偷盗、哄抢群众财产事件。

7.6.3 群众撤离后的后勤保障措施

当库区发生较大洪水，实施群众转移撤离后，芙蓉水库防汛指挥中心组织抢险船只对各撤离点进行巡查，并带上医务人员、食品、饮用水、照明设施和一般疾病的医疗药品，对患有严重疾病的群众应及时转移至县人民医院治疗，以确保群众生命安全和生活基本保障。

7.7 赈灾救灾措施

7.7.1 灾情调查

每次洪水过后，县防汛防旱指挥部，芙蓉水库防汛指挥中心要立即组织对库区淹没区范围灾情调查，并将有关情况及时报告县政府。

7.7.2 赈灾救灾

每次洪水过后，根据灾情调查的情况，要及时对倒房户人员进行安置，对库区范围各村庄进行防疫消毒，对缺粮、缺衣户进行救助。

8. 水情测报及信息传递

8.1 雨量站和水位站布设

芙蓉水库库区集雨面积为 126 km²，坝址上游 1.5 km 处就分为东源和芙蓉两条支流，目前仅在东源设新桥站一个县级雨量站，不能满足及时掌握雨情的要求，所以要增设雨量观测站以利及时掌握雨情。根据控制集雨面积基本相同、满足通电通信要求、便于观测的原则布置雨量观测站，见表 4-24。

表 4-24 雨量站布设情况

站　名	观测地点	权重/%
坝址站	坝址	10
源头	新桥乡源头村	17
新桥	新桥乡新桥村	31
前旺	芙蓉乡前旺村	18
西岭脚	芙蓉乡西岭脚村	24

县水文站协助芙蓉水库防汛指挥中心到村里选择具体布点，并做好站点的布设工作，安装并调试观测和通信设备。

为了及时掌握水情，需要及时了解导流底孔和导流隧洞的泄流情况，掌握库区水位变化趋势。要求在坝址设水位观测站，由芙蓉水库防汛指挥中心负责观测库区水位和导流设施的运行情况，并采取有效措施防止导流隧洞和导流底孔堵塞。

8.2 雨量观测、水位观测及报告制度

8.2.1 雨量观测及报告制度

雨量站应有专人负责观测，严格按有关雨量观测规定进行观测和报告。日雨量 3 mm 起报，6 h 雨量到达 30 mm，按四段制观测，即每天 8 时、14 时、20 时、2 时各观测一次，1 h 雨量达到 10 mm 以上每小时观测一次。每次雨量观测结果必须按规定做好记录，并及时上报芙蓉水库防汛指挥中心，同时报县水文站，由县水文站汇总后报县防汛防旱指挥部。

8.2.2 水位观测及报告制度

平时实行一段制观测，即每天上午 8 时观测一次，当水位达到 225 m 以上时，实行四段制观测，即 8 时、14 时、20 时、2 时各观测一次，当水位达到 230 m 时，实行每小时观测一次，水位观测结果必须按规定做好记录，并及时上报芙蓉水库防汛指挥中心，同时上报县防汛防旱指挥部。

9. 通信保障

9.1 库区淹没区通信条件及现状

根据水文分析和调洪计算，今年汛期遭遇 100 年一遇洪水时可能淹没的范围为：芙蓉村、坞口村、前旺村和毛良坞村等 4 个行政村，芙蓉水库淹没区基本上有固定电话网、移动公司和联通公司的移动电话网覆盖。固定电话平时都能正常运行，由于大多数通信电杆沿河布置，以往在汛期经常发生电杆被冲毁，造成通信中断，固定电话网芙蓉乡机房高程在 5 年一遇洪水位 241 m 以下，在汛情很可能被淹没。毛良坞村、前旺村、坞口村移动或联通信号都有覆盖，但信号较差；芙蓉村移动和联通信号也均都有覆盖，但由于基站位置高程低，在淹没线以下，汛期将被淹没，需要移位。

9.2 通信保障措施

固定电话平时都能正常运行，由于大多数通信电杆沿河布置，以往在汛期经常发生电杆被冲毁，造成信号中断，要求电信部门沿线检查通信线路，对于

汛期可能被冲毁线路进行改造，将芙蓉乡固定电话机房迁移至高程 275 m 以上，确保汛期通信畅通。芙蓉村移动基站位置高程低，在淹没线以下，汛期将被淹没，要求电信部门把基站移至淹没线以上。毛良坞村、前旺村和坞口村移动信号差，要求增设临时基站，确保通信畅通。同时要求移动基站增设如柴油发电机等备用电源，以防紧急情况下停电，影响通信畅通。

10. 库区防洪综合分析和建议意见

10.1　转移撤离的困难和问题

根据库区洪水分析和地形特征，在组织实施群众转移撤离时存在的困难和问题主要有如下几点。

（1）芙蓉乡芙蓉村三、四、五、六、七区共有 204 户，人口 847 人，由于住宅地势低，西边南边是芙蓉溪，东侧是干坑小溪，离北边山坡又较远，一旦遇到突发性特大暴雨洪水，特别是在晚上组织群众撤离非常困难。开辟临时撤离平台和撤离道路成本较高。

（2）由于山区地形复杂，目前前旺村、坞口村、毛良坞村等地手机信号差，芙蓉村移动基站在淹没线以下，一旦遭遇特大暴雨洪水，库区供电、通信线路被冲毁，库区通信很难保障。

（3）由于库区群众很少经受身临洪水的经验，在遭遇较大洪水时，可能顾及家庭财产、牲畜的安全，而不能及时转移撤离。特别是一些老年人或许根本不愿撤离，延误时机，造成人员伤亡。

10.2　建议意见

为确保库区群众的生命财产安全，对库区群众迁移和转移撤离工作提出如下建议意见。

（1）根据目前迁移工作的进展情况和具备的条件，在 3 月中旬前，凡在 5 年一遇洪水位 241 m 以下的人口（三、四、五、六、七区 204 户，人口 847 人）尽可能实施迁移。

（2）在 4 月底之前，凡在 100 年一遇洪水位以下的人口尽可能外迁。

（3）如果在规定的时间内不能完成迁移工作，则对方案中提到的各项措施和要求，必须按时全部落实到位，特别是在洪水期间要实行强制性转移撤离措施。

（4）在淹没区设置高程 230 m、235 m、241 m、243 m、245 m、247 m、249 m 显目标志。

（5）淹没区群众财产应全部参加保险，以减轻政府负担。

（6）本方案实施细则和各有关部门在芙蓉水库防汛抗洪准备、组织淹没区群众撤离和灾后赈灾救灾工作职责，由常山县芙蓉水库防汛指挥中心制定，常山县人民政府批准下达。

（7）芙蓉村口两条河流汇合处砂石料场、砂堆必须在 3 月底前清除。

（8）淹没区内群众家中所备木料必须在 3 月底前搬至淹没线以上或库区外，家具能搬出库区的尽可能提早搬出库区。

（9）施工单位租住在淹没区的，必须在 3 月 10 日前迁出淹没区。

（10）建议常山县芙蓉水电有限公司对导流隧洞进口进行衬砌。

（11）建议施工单位在大坝高程 251 m 预留 20 m 齿槽以利超标准洪水泄流。

（12）建议建立洪水预报模型，为防洪预案决策提供参考。

案例 36　常山港 2020 年第 2 号洪水纪实

1. 前言

常山港属钱塘江主源干流，集水面积 3 384.9 km²，河长 175.9 km（其中常山县境内 46.6 km）。常山水文站设立于 1956 年，原名长风水文站，1994 年因长风水利水电枢纽建成下迁 15 km 至风扇口，称常山（二）站；2005 年底又下迁 4.5 km 至富足山，称常山（三）站。常山（三）站主要观测项目有流量、水位、雨量等。常山（三）站控制集水面积 2 336 km²。

浙江省从 4 月 15 日进入汛期。2020 年从 5 月 29 日入梅，到主汛期，较常年偏早 12 天。

根据 2019 年 4 月 8 日水利部《关于印发全国主要江河洪水编号规定的通知》，采用防洪警戒水位作为洪水编号标准，当常山（三）站水位达到警戒水位 82.00 m 时，进行洪水编号。洪水编号由江河（湖泊）名称、发生洪水年份和洪水序号三部分顺序组成。

2. 常山港 2020 年第 2 号洪水主要数据

2020 年 6 月 29 日—7 月 1 日，常山县普降大暴雨，局部特大暴雨，根据全县 43 个雨量站统计，6 月 29 日 20 时至 30 日 20 时，24 h 平均面雨量达 174.0 mm。常山（三）站于 6 月 30 日 16 时 20 分实测最高洪水位 84.22 m（超保证水位 0.22 m），实测洪峰流量 4 100 m³/s，超过 5 年一遇洪水标准。是常山港 2020 年发生的第二大洪水。

统计 24 h 洪水位（6 月 30 日 5 时至 7 月 1 日 5 时），间隔时间采用 1 h，根据水位流量关系曲线查找相应的流量（由于水位流量关系曲线因河道综合整治影响有一定的变化，故根据历年实测洪峰流量进行适当修整），洪峰流量采用实测值。由此计算出洪量为 2.01 亿 m³。

3. 本次洪水特点分析

（1）长风水闸下泄最大流量根据计算为 3 350 m³/s，小于该断面处 5 年一遇洪水标准，6 月 30 日 1 时至 15 时库水位在 98.59～98.92 m 之间，均低于正常蓄水位 99.20 m，说明长风水闸控制运用情况较好。但离控制运用计划还有些差距（要求控制在 98.70 m）。

（2）本轮降雨控制断面以上各站，最大雨强普遍发生在 6 月 30 日 3 时至 4 时，最大达 47.5 mm/h，从最大雨强结束至洪峰到达常山（三）站断面约 12 h。洪峰流量到达至洪水回落时间也在 12 h 左右。超保证水位时间 4.5 h。体现了洪水暴涨暴落的特性。

（3）洪水主要由 24 h 降水量控制。全县平均最大 24 h（6 月 29 日 20 时至 30 日 20 时）降水量 174.0 mm，最大 72 h（6 月 29 日 20 时至 7 月 2 日 20 时）降水量 197.7 mm，24 h 降水量占 72 h 降水量的 88%。

（4）实际发生洪水重现期，常山港支流高于干流。比如南门溪，最大洪峰流量 1 100 m³/s，达到 20 年一遇洪水标准。但支流洪峰流量汇入时间比干流洪峰到达时间早 5 h 左右（南门溪汇入口在控制断面下游约 400 m）。

（5）本次洪水由入梅后第六次强降雨形成，前期累计雨量大，土壤水分饱和。基流在 180 m³/s 左右。